EDITION 01

re:think CEO

BURKHARD SCHWENKER

Strategisch DENKEN Mutiger FÜHREN

Roland Berger Strategy Consultants

WirtschaftsWoche

Bibliografische Information der Deutschen Nationalbibliothek:
Die Deutsche Nationalbibliothek verzeichnet diese Publikation in der
Deutschen Nationalbibliografie;
detaillierte bibliografische Daten sind im Internet über
http://dnb.d-nb.de abrufbar.

FSC
Mix
Produktgruppe aus vorbildlich
bewirtschafteten Wäldern und
anderen kontrollierten Herkünften

Zert.-Nr. SGS-COC-1940
www.fsc.org
© 1996 Forest Stewardship Council

Redaktionelle Bearbeitung: Ralf-Dieter Brunowsky, Bernd Hops, Torsten Oltmanns

Gestaltung: d-sign us, Ulrich E. K. Schmidt
Lektorat: Frank Schumann
Druck und Bindung: GGP Media GmbH, Pößneck
Printed in Germany
ISBN: 978-3-9811506-6-7

„Men wanted for hazardous journey. Low wages, bitter cold, long hours of complete darkness. Safe return doubtful. Honour and recognition in event of success.“

Ernest Shackleton, Polarforscher

INHALTSVERZEICHNIS

Vorwort

Dieses Buch will Unternehmern und Managern Denkanstöße geben. Der Titel **re: think CEO** zeigt es: Das Ziel ist eine Standortbestimmung guter Unternehmensführung. Während des Verfassens, im Herbst 2008, erreichte die Finanzkrise ihren (hoffentlichen) Höhepunkt und das ohnehin angeschlagene Ansehen der Manager seinen Tiefpunkt. Dieses Buch will deshalb ein Zweites erreichen: Es will für Vertrauen in (gutes) Management werben, indem es zeigt, wie komplex und schwierig Führung heute ist – und wie gut diese Aufgaben in vielen Unternehmen bewältigt werden.

Wir haben dem Buch ein Zitat des Polarforschers Ernest Shackleton vorangestellt. Vor rund hundert Jahren hat er mit folgender Anzeige Männer für seine Expedition gesucht: „Men wanted for hazardous journey. Low wages, bitter cold, long hours of complete darkness. Safe return doubtful. Honour and recognition in event of success."

Mit britischer Ironie macht Shackleton deutlich: Gerade vor schwierigen Reisen zählt Zuversicht und Selbstvertrauen in die eigenen Stärken! Wir haben diesem Buch daher kurz vor Drucklegung ein Kapitel hinzugefügt, das der in Deutschland allgegenwärtigen Gefahr der Mutlosigkeit begegnen soll. Deutschlands Unternehmen sind sehr gut für schwere Wasser gerüstet und die Führungsmannschaften sind es auch – es gibt also Anlass genug, „Selbstbewusst in die Krise“ zu gehen (so das Kapitelthema in diesem Buch).

Insgesamt werden in diesem Buch in straffer und leicht lesbarer Form die wichtigsten Aufgaben strategischer Unternehmensführung skizziert. Hierbei habe ich auf meine Erfahrungen und Beobachtungen aus 20 Jahren Beratertätigkeit zurückgegriffen. Der Leser kann nun seine eigene Unternehmensführung und seine Vorstellungen von gutem Management mit unseren Erkenntnissen vergleichen und, so hoffe ich, wertvolle Anregungen gewinnen.

Mein Dank gilt dem erfahrenen Wirtschaftsjournalisten Ralf-Dieter Brunowsky und – aus meinem Haus – Torsten Oltmanns und Bernd Hops, die mich bei der redaktionellen Arbeit an diesem Buch tatkräftig unterstützt haben.

Prof. Dr. Burkhard Schwenker

1. Kapitel

Warum Management heute mehr Mut erfordert

Schiffe zu beobachten, kann sehr beruhigend sein. Und Ruhe ist wichtig in erschreckend instabilen Monaten, wie wir sie bei Drucklegung dieses Buchs erleben mussten. Banken wurden in Ländern mit freien Märkten teilweise verstaatlicht, um das gesamte System vor dem Kollaps zu retten. Die Konjunkturaussichten verdüsterten sich manchmal stündlich. An den Finanzmärkten herrschte blanke Angst, Panikverkäufe schürten neue Angst. Allen Beteiligten schien das Vertrauen in die gesamten wirtschaftlichen Erfolge der vergangenen Jahre abhandengekommen zu sein.

Wer solche turbulenten Zeiten miterlebt, denkt schnell an Schiffe, die Stürme sicher durchkreuzen.

Sie verfolgen selbst bei schwerem Wetter ihren Kurs und geben dem Beobachter so das Gefühl, dass das Ziel erreicht wird. Das Erfolgsgeheimnis ist die richtige Führung, die richtige Mischung aus Hierarchie und Flexibilität. Das ist auch die Aufgabe, die ein Unternehmen lösen muss.

In einer Krisensituation zeigt sich oft erstmals, wer ein guter Unternehmenschef oder Schiffskapitän ist. Zum Schönwetter-Skipper taugen viele, für den Sturm nur wenige.

Vor einiger Zeit hatte ich Gelegenheit, die Abläufe auf einem Schiff der Bundesmarine kennenzulernen – und war beeindruckt. Ein Kriegsschiff ist ein komplexes System. Es agiert, etwa bei internationalen Kriseneinsätzen, in einem sehr unübersichtlichen politischen Umfeld und muss mit einer fragilen Sicherheitslage umgehen. Gleichzeitig muss es perfekt manövrieren, die Kurse anderer Schiffe beachten und mögliche Gegner rechtzeitig erkennen. An den Kommandanten eines solchen Schiffs werden deshalb hohe Ansprüche gestellt. Er muss den Kurs vorgeben und Schwierigkeiten antizipieren.

Dafür benötigt er aber Ruhe und Freiräume, um über die richtigen Schritte nachzudenken. Er ist die letzte Eskalationsstufe für Krisensituationen. Fällt der Kommandant in kopflose Hektik, wird es gefährlich für Schiff und Besatzung. Der Kommandant muss über den Horizont hinausblicken können und eine Vision für die Rolle des Schiffs entwickeln.

Die nötigen Freiräume werden mit einer klaren Trennung der Zuständigkeiten geschaffen. Der 1. Offizier, also der ranghöchste Mann an Bord nach dem Kommandanten, verantwortet die operative Führung. Alle übrigen Offiziere berichten an ihn, nicht an den Kommandanten. Das bedeutet: Der Kommandant wird vom Klein-Klein des Alltags befreit und muss erst persönlich bei Situationen eingreifen, wenn es darum geht, dem gesamten Schiff einen neuen Kurs zu geben oder die Abwehr einer existenziellen Gefahr von außen (oder innen) zu leiten. Mit anderen Worten: Der Kommandant erhält Freiräume für strategisches Denken. Die kann er aber nur nutzen, wenn er Vertrauen in die Mannschaft und in die gute und verlässliche Detailorganisation (Berater würden sagen: operative Exzellenz) unter der Führung seines 1. Offiziers hat.

Mir scheint, diese Arbeitsteilung kann auch in Unternehmen weiterhelfen. Unternehmensführung braucht eine klare Struktur so dringend wie noch nie. Weil die Welt komplexer geworden ist – und damit auch die Anforderungen an die Führung. Dazu später mehr.

In einer Reihe von Unternehmen gibt es eine interessante Aufgabenteilung im Vorstand zwischen CEO und COO (Chief Operating Officer), die der Organisation auf einem Schiff der Marine nahekommt. Nicht immer ist diese Lösung ideal – es kommt auf die beteiligten Persönlichkeiten an –, bei der richtigen Konstellation handelt es sich aber um ein reizvolles Führungsmodell.

Dieses Modell spiegelt die beiden wichtigsten Anforderungen an einen CEO wider. Er muss mutig führen, also mit Vertrauen auf seine Mannschaft und seinen Instinkt. Und er muss strategisch, also übergreifend, denken. Für welche Herausforderungen die Unternehmensführung ihre Mannschaft fit machen muss, wollen wir detaillierter im zweiten Kapitel betrachten, die Anforderungen an die Führung selbst im dritten Kapitel.

Die strategische Ausrichtung der Rolle des CEOs passt hervorragend gerade zur europäischen Art der Unternehmensführung, die auf langfristigen Erfolg angelegt ist, während die angelsächsische Perspektive in der Regel gnadenlos kurzfristig ist. Nur ist auch auf dem Alten Kontinent eine Veränderung zu spüren: Viele Top-Manager in Deutschland haben sich – teils gewollt, teils getrieben – zu sehr auf die angelsächsische Kurzfristorientierung eingelassen. Das rächt sich wesentlich schneller als noch in den 80er- oder 90er-Jahren – und erst recht in Krisenzeiten. Denn das Umfeld für unsere Unternehmen ist komplex geworden und der ständige Wandel fordert eine nachhaltige Perspektive.

Und eines ist klar: Wer sich nicht (schnell genug) bewegt, verschwindet vom Markt. Das zeigte beispielsweise eine Analyse des Magazins *Forbes*, als es seine Liste der größten 100 amerikanischen Unternehmen mit der ersten Forbes-100-Liste aus dem

Jahr 1917 verglich. Das Ergebnis: 61 der Unternehmen aus der Ursprungsgruppe gibt es heute nicht mehr. Von den übrigen 39 Unternehmen des ersten Rankings haben es nur 18 Unternehmen in die aktuelle Besten-Liste geschafft.

Auch im aktuellen Standard & Poor's-500-Index finden sich nur noch 86 der 500 Firmen aus dem Jahr 1957 wieder. Als der Index zu Beginn des 20. Jahrhunderts ins Leben gerufen wurde, konnte ein neu gelistetes Unternehmen damit rechnen, rund 65 Jahre auf der Liste zu verbleiben. Heute beläuft sich diese Spanne statistisch auf rund zehn Jahre.

Und wir können die Aufzählung verlängern: Noch vor sechs Jahren war fast die Hälfte der 50 weltweit größten Firmen amerikanischen Ursprungs. Mittlerweile sind nur noch 15 US-Firmen dabei, die Zahl großer europäischer Unternehmen ist hingegen von 17 auf 24 gestiegen (neun davon kommen aus Deutschland!). Das ist übrigens ein deutliches Signal für die neue Stärke europäischer Unternehmen.

Nur: Langfristiges Denken ist trotz dieser Erfolge leider bei vielen Managern in den vergangenen Jahren in den Hintergrund gerückt. Wer die Entwicklungen verfolgt hat, muss feststellen, dass kurzfristiges Denken unter dem Druck von Kapitalmärkten und Finanzinvestoren zugenommen und der Mut zur Führung abgenommen hat. Und um eins direkt klarzustellen: Mut bedeutet nicht das Gleiche wie Leichtsinn. Welche dauerhaften Veränderungen sich durch die seit 2007 schwelende US-Finanzkrise, die sich zur globalen Wirtschaftskrise ausgewachsen hat, ergeben werden, wird erst in einigen Jahren zu sehen sein. Klar ist aber, dass sich eine neue Mentalität entwickeln muss. Wir stehen an einem fundamentalen Wendepunkt, um künftige Krisen zu vermeiden und Spekulationsblasen wie am US-Immobilienmarkt frühzeitig zu entlüften.

Dabei – und das mag im Zusammenhang mit dem bisher Beschriebenen überraschend klingen – ist langfristiges Denken schwieriger geworden. Wer heute große Unternehmen führt, sieht sich weit komplexeren Entscheidungssituationen und -prozessen gegenüber als noch vor 20 Jahren. Die Geschäftsprozesse laufen global und in kürzerer Zeit ab – bei einer gleichzeitig größeren Datenmenge, die die Prozesse im Hintergrund selbst erzeugen bzw. zu ihrer Steuerung benötigen.

Diese Verdichtung stellt Führungskräfte vor neue Herausforderungen – und erfordert eine Entlastung der CEOs von unnötigen Aufgaben. Entscheidungen konnten schon immer große Auswirkungen haben – heute müssen sie aber in kürzerer Zeit getroffen werden, gerade weil sich Erfolg oder Misserfolg ebenfalls schneller einstellen.

Eine Grundkonstante unternehmerischen Agierens bleibt aber. Strategische Entscheidungen müssen auch in einem kurzlebigeren Umfeld getroffen werden. Diese Entscheidungen

- bestimmen die langfristige Ausrichtung des Unternehmens
- versuchen, unsichere Ereignisse zu antizipieren,
- sichern den langfristigen Erfolg, indem sie Vorteile aufbauen und halten
- bestimmen Positionierung, Ressourcenzugang und -allokation.

Die große Anzahl verfügbarer strategischer Tools darf aber nicht darüber hinwegtäuschen, dass strategische Analyse, Entwicklung und Implementierung schwieriger geworden sind. Der Grund ist die größere Komplexität. Schließlich leben wir in einer dritten Globalisierungswelle, die durch die technologische Revolution verstärkt wird. Die Entdeckerreisen des 15. und 16. Jahrhunderts öffneten den Horizont Europas erstmals für weite Teile der Welt, die Kolonialisierung und Industrialisierung des 19. bzw. frühen 20. Jahrhunderts führte in Grundzügen zu einem integrierten Weltwirtschaftssystem. Mit dem Fall des Eisernen Vorhangs und der Öffnung Chinas und Indiens hat eine neue Phase mit einer neuen Qualität begonnen. Und diese dritte Globalisierungswelle hat viel in Bewegung gesetzt. Von 1970 bis 2007 wuchs die Zahl transnationaler Konzerne von etwa 7000 auf nunmehr 79.000 mit rund 790.000 Auslandstöchtern. Zwischen 1980 und 2006 sind die direkten Auslandsinvestitionen weltweit von 55 auf 1306 Milliarden US-Dollar gestiegen. Der Kapitalstrom in die Entwicklungsländer hat sich im gleichen Zeitraum von sieben auf 379 Milliarden erhöht. Damit nehmen immer größere Teile der Welt aktiv an der Weltwirtschaft teil. Wenn wir versuchen, diese Entwicklungen zu systematisieren, sind es wohl sieben Faktoren, die diese Herausforderungen charakterisieren.

Erstens hat es uns der Fortschritt in der Informationstechnologie nicht nur ermöglicht, neue Geschäftsmodelle zu entwickeln, sondern auch Unternehmen anders zu führen als bisher: Sie können heute viel größer werden, ohne außer Kontrolle zu geraten. Und dies bei geringeren Kosten.

Zweitens erleben wir – wie gerade beschrieben – eine Beschleunigung der Globalisierung: Die ausländischen Direktinvestitionen sind viel schneller gewachsen als das weltweite BIP. Wer also auch überproportional wachsen will, muss global denken und agieren!

Drittens sind viele Branchen dereguliert worden. Das hat uns neue Wachstumspotenziale gebracht, mit einer wesentlichen Einschränkung: Der Fortschritt läuft nicht in allen Ländern gleich schnell – was insgesamt zu mehr Komplexität führt.

Viertens sind die Kapitalmärkte beweglicher, volatiler und vor allem einflussreicher geworden. Das heißt: Unternehmen, die zusätzliches Kapital am Markt beschaffen wollen, müssen sich an internationalen Benchmarks messen lassen. Wie zentral die Finanzmärkte für die Realwirtschaft geworden sind, zeigt die jüngste Finanzkrise.

Fünftens sind die Kunden komplexer geworden und können nicht mehr so einfach segmentiert werden. Wir sprechen heute vom „hybriden Konsumenten" und meinen den Jaguar-Fahrer, der bei Aldi einkauft.

Sechstens verändern sich die weltweiten Wirtschaftsbeziehungen fundamental. Auslandsinvestitionen bewegen sich nicht auf einer Einbahnstraße. China, Indien und Russland sind – nach Jahrhunderten des sowohl selbst- als auch von außen verordneten Rückstands – in die Gruppe der wichtigsten Wirtschaftsmächte aufgerückt.

Siebtens nimmt – trotz immer ausgeklügelter Technik zur Effizienzsteigerung beim Material- und Energieeinsatz – die Konkurrenz um Ressourcen zu.

Daran wird auch der jüngste Konjunktureinbruch langfristig nichts ändern.

Vielleicht wird der Aufstieg Chinas länger dauern, als mancher Experte prognostiziert, doch schon heute spielt das Land eine wichtige Rolle. Denn auch in der aktuellen Wirtschaftskrise wächst die chinesische Volkswirtschaft mit etwa sieben bis acht Prozent zwar nicht mehr zweistellig, aber immer noch kräftig. Und es geht nicht nur um China. Firmen aus allen aufstrebenden BRIC-Staaten (Brasilien, Russland, Indien, China) erobern nun auch die Weltmärkte und schlagen sich in der aktuellen Wirtschaftskrise vergleichsweise gut. Unternehmen aus den BRIC-Staaten versuchen, beim „going global" – ähnlich wie es japanische Autokonzerne vor ihrer internationalen Expansion in den 70er-Jahren vorgemacht haben – sich selbst neu zu erfinden und ihr Geschäftsmodell stärker an internationalen Bedürfnissen auszurichten.

Der große Heimatmarkt von 1,3 Milliarden chinesischen Konsumenten oder mehr als einer Milliarde Inder ist ein bedeutender Vorteil für die neuen Konkurrenten der etablierten Konzerne im Westen. Deswegen ist es so wichtig, dass sich Europa mit der EU in einer größeren, gemeinsamen Einheit konstituiert hat. Nationalstaatliche Ansätze sind zu schwach: Mit 80 Millionen Deutschen allein in den globalen Wettbewerb zu treten, macht wenig Sinn. Aber 500 Millionen Europäer können das Bild verändern. Die globale Krise würde die einzelnen EU-Staaten viel stärker treffen, wären sie nicht Teil dieses Verbunds.

Und diese Größe gäbe Europa auch mehr Gewicht beim Wettbewerb um den Zugang zu Ressourcen. Zu günstigen Konditionen erschließbare Öl- und Gasvorkommen gehen weltweit zurück, sie befinden sich auch noch vorwiegend in politisch instabilen Weltregionen. Das verändert Unternehmensstrategien und erfordert ein neues Zusammenspiel von Wirtschaft und Politik. Denn in den betreffenden Ländern ist Politik ein dominierender Faktor des Wirtschaftssystems. Es wäre naiv, etwa von ähnlichen Strukturen wie in Europa auszugehen. Die Wirtschaft braucht in diesem Fall die Unterstützung durch die heimische Politik. Auch dies bedeutet wiederum für Unternehmen und ihre Manager: mehr Komplexität!

Damit erschöpft sich die gemeinsame Aufgabe von Politik und Wirtschaft aber noch nicht. Schließlich rückt die Erderwärmung das Thema Nachhaltigkeit in den Fokus – und verändert infolge neuer Auflagen die Spielregeln für viele Branchen. Eine der Kernfragen ist dabei, ob sich alle Länder auf vergleichbare Auflagen einigen können oder ob nationale Lösungen die Komplexität weiter erhöhen werden.

Trotz all dieser Herausforderungen steht die deutsche Wirtschaft gut da. Und ihre Unternehmen gehen so gestärkt in die globale Konjunkturkrise wie lange nicht mehr. Im Herbst erreichte die Beschäftigtenzahl noch ein Rekordniveau, die Arbeitslosenzahl fiel unter drei Millionen und damit auf den niedrigsten Stand seit 16 Jahren. Trotz der drohenden Flaute und der wachsenden internationalen Konkurrenz blieb der Export auf Rekordkurs. In den Rankings des World Economic Forum erreichen Deutschlands Unternehmen immer wieder Spitzenplätze – auch in der neuesten Auswertung.

- Sie stehen auf Platz eins bei der Innovationskapazität, oder anders gesagt: Unsere F & E-Organisation kann also nicht schlecht sein.
- Sie rangieren auch auf Platz eins beim Entwicklungsstand der Geschäftsmodelle. Niemand weiß so gut wie unsere Unternehmen, wie man Geschäfte macht.
- Und dazu passt Platz eins für die Einzigartigkeit des Wettbewerbsvorteils. Was ja nichts anderes heißt, als dass wir uns mit unseren Produkten international differenzieren können.

Alles das spricht für eine gute Unternehmensführung und dafür, dass die Manager ihre Aufgaben ernst nehmen. Doch wir müssen feststellen: Selten standen Manager so unter Beschuss wie in den letzten Jahren. Nur Politiker sind in Deutschland unbeliebter als Manager. Und das könnte sich durch die Rettungsaktionen der Politik für die Wirtschaft sogar noch geändert haben.

In den vergangenen Jahren gab es leider eine ganze Reihe von Skandalen, die das Vertrauen der Menschen in ihre Wirtschaftselite unterminiert haben. Mal wurden Bilanzen gefälscht wie im Fall des US-

Konzerns Enron. Dann wieder kassierten Top-Manager unvorstellbar hohe Abfindungssummen in dreistelliger Millionenhöhe – oder Erfolgshonorare wie bei den großen Investmentbanken, deren Erfolge sich durch die Finanzkrise in Luft auflösten, genauso wie mehrere dieser früher als unverwundbar geltenden Institute. In Deutschland machten vor allem im Einzelfall überhöhte Managergehälter, Bestechungen, millionenschwere Abfindungen, hinterzogene Steuern und Abhöraktionen Schlagzeilen. Ganz davon abgesehen, dass die öffentliche Hand rund um den Globus im Rahmen von Abschirmungen und Rettungsaktionen für den Finanzsektor Hunderte von Milliarden Dollar an Risiken übernehmen muss, um einen Kollaps des gesamten Systems zu verhindern.

Schon setzt eine neue, generelle Marktwirtschafts- und Kapitalismus-Kritik ein, der Ruf nach mehr Einfluss der Politik und mehr Regulierung wird immer lauter – und das nicht nur aus der linken Ecke, sondern auch dem bürgerlichen Lager. Man muss sagen: Management ist in eine Vertrauenskrise geraten. Es zählen in der breiten Wahrnehmung nicht die vielen positiven Beispiele hervorragender Unternehmensführung, nicht die zweifellos vorhandenen Erfolge der gesamten Wirtschaft. Zu groß ist die Dimension einzelner Vorfälle, zu groß die Versuchung der Medien und der Politik, daraus eine Generalkritik abzuleiten.

Dies alles zusammengenommen bedeutet: Die Führungskräfte von heute müssen mit permanenten und schockartigen Veränderungen ihrer Umwelt rechnen und deshalb ihr Unternehmen – und sich selbst – auf ein Höchstmaß an Flexibilität trimmen. Zugleich aber müssen sie über ihre Persönlichkeit Sicherheit vermitteln. Als der verlässliche Mann (oder die verlässliche Frau) an der Spitze, der durch Kompetenz und Autorität überzeugt. Als die Person, die den richtigen Kurs für das Unternehmen kennt und es sicher durch jedes Wetter ans Ziel steuert – bis das nächste Ziel klar ist.

Worin unterscheiden sich die erfolgreichen Unternehmen von denen, die untergehen? Was ist bei den anderen schiefgegangen? Was entscheidet darüber, wer gekauft wird und wer kauft, wer wächst und wer in Krisen gerät? Diese Fragen kann man natürlich nur im jeweiligen Einzelfall beantworten. Meist ist es ein ganzer Kranz von Fehlentscheidungen, die letztlich in ihrer Summe den obersten Führungskräften angelastet werden müssen. Oft sind Strategien nicht aufgegangen, weil sie Veränderungen des Umfelds nicht wahrgenommen oder nicht rechtzeitig berücksichtigt haben. Fehleinschätzungen von Gegenstrategien und gegnerischen Allianzen kommen hinzu, besonders bei Übernahmeversuchen. „Competitive Intelligence" ist in Deutschland noch schwach ausgeprägt. Manchmal haben aber auch die einfachsten Kontrollsysteme versagt, wenn sich herausstellt, dass bei einer Übernahme oder einem Markteintritt zu große Risiken eingegangen worden sind.

Vielfach sind die internen Machtpositionen nicht rechtzeitig gefestigt und beginnende Intrigen übersehen worden. Manchmal führen politische Entscheidungen dazu, dass Geschäftskonzepte fehlschlagen, wie die Diskussion um die Mindestlöhne und die anschließende Insolvenz des Postkonkurrenten PIN gezeigt haben. Nicht selten, wie das Beispiel IKB (und, wie man heute weiß, sogar vieler anderer mehr) zeigt, scheitern Vorstände sogar, weil sie Produkte und die damit verbundenen

Risiken schlicht und einfach falsch eingeschätzt haben. Noch gilt aber die alte Regel: je höher die Rendite, desto höher das Risiko. Oder wie es der Chef der spanischen Santander, Emilio Botín, auf die Frage nach seinem Erfolgsgeheimnis formulierte: „Wenn Sie ein Finanzinstrument nicht verstehen, kaufen Sie es nicht. Wenn Sie das Produkt nicht selbst kaufen würden, versuchen Sie auch nicht, es jemand anderem zu verkaufen. Und wenn Sie Ihren Kunden nicht genau kennen, leihen Sie ihm kein Geld.“ Mut bedeutet auch, seine eigenen Grenzen zu akzeptieren. Fehlende eigene Einsichten können nicht durch Leichtsinn ersetzt werden.

Eitelkeit ist bei einem Unternehmer per se nichts Schlechtes, sie spornt zu besseren Leistungen an. Schlecht sind aber überzogene Eitelkeit und Arroganz – denn dadurch werden Fehler begangen, die häufig nicht nur auf den Handelnden zurückfallen.

Gegen diese Fehler hilft aber nur: die Zuständigkeiten klar trennen und die eigenen Aufgaben bewusst und reflektiert angehen. Dann überlebt das Schiff, das ein CEO steuert, auch die Fahrt durch eine schwere See wie die der Finanzkrise.

2. Kapitel

Die wichtigsten Herausforderungen - was gute Führung leisten muss

2.1. Der Umgang mit dem Unplanbaren

Als ich Anfang der 90er-Jahre ins Beratungsgeschäft einstieg, gab es einige klare Regeln, an denen sich Strategie und Führung eines Unternehmens orientieren konnten: Die strategische Planung deckt einen Zeitraum von zehn Jahren ab. Die Mittelfristplanung zielt auf fünf Jahre. Die kurzfristige Planung gilt für ein Jahr und wird mit Blick auf die mittelfristige Planung kontinuierlich angepasst. Die Organisationsstruktur hat sieben Jahre zu bestehen – und man konnte auch davon ausgehen, dass sie sieben Jahre Bestand haben konnte. Die Planung musste bis auf den letzten Cent quantifiziert sein. Konnten diese Vorgaben nicht eingehalten werden, weil der Unternehmenskapitän eine Untiefe auf der Strecke übersehen hatte – oder eine neue Sandbank seit der letzten Passage entstanden war –, dann hatte man versagt. Solche starren Vorgaben können nicht mehr gelten.

Stellen wir uns vor, was wir unter diesen Voraussetzungen bei einer strategischen Planung 1998 hätten berücksichtigen müssen:

- die Folgen der Asien-Krise
- die Dotcom-Blase der Jahrtausendwende
- Ölpreise zwischen zehn und 150 Dollar je Barrel
- eine exponentielle Steigerung der Leistungsfähigkeit in der Datenverarbeitung
- das Aufkommen von Bio- und Nanotechnologie
- die Entwicklung vollkommen neuer Geschäftsmodelle – man denke nur an eBay, Dell, Amazon oder den Boom der Billigflieger
- eine fluktuierende Wachstumsrate der Weltwirtschaft zwischen 1,5 und fünf Prozent.

Diese Entwicklungen vorherzusehen – ganz zu schweigen von der jüngsten globalen Finanzkrise – konnte schon damals nicht funktionieren und funktioniert heute erst recht nicht mehr. In den nächsten Jahren werden wir wahrscheinlich kaum weniger Überraschungen erleben. Und deshalb ist ein neues Verständnis von Strategie und Führung notwendig.

Erstens brauchen wir ein neues Verständnis, weil wir heute – angesichts der fundamentalen und überraschenden Umbrüche – nicht mehr auf Trendfortschreibung und auf kontinuierlich hohe Wachstumsraten setzen können. Es gibt mittlerweile eine Flut von Strategietools, die versprechen, Prozesse und Werte besser und genauer quantifizierbar zu machen. Ganze Kurse an Business Schools widmen sich der genauen Berechnung von Kapitalkosten per CAPM. Die Tools sind weit entwickelt und ausgefeilt und rechnen auf die letzte Kommastelle genau – sie machen nur in der immer volatileren und schnelleren Welt von heute keinen Sinn. Sie liefern letztlich akademische Informationen, die uns nicht weiterhelfen.

Von Albert Einstein stammt der Satz: *„Manchmal kann das, was zählt, nicht gezählt werden, und das, was gezählt werden kann, zählt nicht.“* Zahlen sind wichtig, aber nur der intelligente Umgang mit den Zahlen führt wirklich weiter. Von Ungetümen wie dem „normalized LTM EBITDA in per cent of total interest bearing debt“ hat kaum jemand etwas – außer die Kuriositätensammlung von Linguisten.

Top-Manager, die darauf ihre Entscheidungen aufbauen, gehen ein großes Risiko ein. Neue strategische Instrumente sind gefragt, wie beispielsweise die Szenario-Analyse, weil es darum geht, alternative Entwürfe für die Zukunft zu entwickeln und unterschiedliche Handlungsalternativen vorzuhalten. Zusätzlich müssen wir uns vom allseits beliebten Jahresbudget verabschieden. Stattdessen wird eine „rollierende Budgetierung“, also ein flexibles Finanzregime, das sich nicht an langen, starren Zeiteinheiten orientiert, den neuen Anforderungen eher gerecht. Letztlich können wir nicht jedes strategische Projekt bis auf den letzten Cent genau quantifizieren. Wir brauchen deswegen wieder mehr Mut, uns auf unser unternehmerisches Gespür zu verlassen und mögliche zwischenzeitliche Rückschläge bewusst zu akzeptieren. Das setzt natürlich auch eine neue Form der Kommunikation und Abstimmung mit den Kapitalmärkten voraus, die eindeutig kalkulierbare Angaben und Vorhersagen verlangen. Ich komme darauf zurück.

Zweitens erfordert die gestiegene Komplexität aber auch eine Organisation, die sich schnell an Veränderungen der Rahmenbedingungen anpassen kann. Meiner Überzeugung nach sind dezentrale Organisationen am besten geeignet, mit einem sich verändernden Umfeld umzugehen. Weil dezentrale Organisationen ihren Markt besser kennen, sich besser in die regionalen Kulturen einfügen können, näher an den lokalen Kundenbedürfnissen sind und unternehmerischer geführt werden können. Außerdem erzeugen sie größeres Vertrauen – auch dazu später mehr.

Drittens brauchen wir in den Unternehmen eine Innovationskultur, die den richtigen „Mindset" verankert, also: Freiräume ermöglicht, die zu kreativen Problemlösungen und Innovationen ermutigen und den Glauben an die eigene Stärke, Optimismus und einen starken unternehmerischen Wachstumswillen fördern, um so im Unternehmen Motivation und Durchhaltevermögen zu stärken.

Es gilt, einen Zielkonflikt zu lösen, der sich aus den drei Punkten ergibt. Die Flexibilität, die wir heute für mutiges Management brauchen, führt zu einem deutlichen Verlust an Planbarkeit und an Sicherheit für die Menschen in unseren Unternehmen. Ein Fünf-Jahres-Umsatzziel gibt den Mitarbeitern Orientierung und Sicherheit. Auch Organigramme suggerieren Sicherheit, denn so kennt jeder seinen Platz.

Aber es gilt auch das Umgekehrte: Wenn wir nun einmal nicht mehr langfristig quantifizieren können, wenn Ziele aufgrund sich rasch ändernder Rahmenbedingungen schnell angepasst werden müssen, wenn wir nicht mehr mit Überzeugung sagen können, dass ein Organigramm für die nächsten Jahre gilt, verlieren wir die Sicherheit, die die Menschen erwarten. Dieser Verlust ist nicht zu vermeiden. Die einzige Form von Sicherheit, die wir den Mitarbeitern trotzdem noch bieten können, sind deshalb glaubwürdige, kompetente Führungskräfte. Mitarbeiter müssen sich darauf verlassen können, dass die Schiffsführung den richtigen Weg kennt – und Hindernisse rechtzeitig sieht. Und deswegen gewinnen vorgelebte Werte in Unternehmen zunehmend an Bedeutung. Unternehmensethik wird zu einem zentralen Thema, wenn man das Vertrauen der Mitarbeiter und auch der Öffentlichkeit zurückgewinnen will. Noch mehr geht es aber im Management – und damit bei den Anforderungen an Führung – um ganz persönliche Werte wie Integrität, Glaubwürdigkeit und Verlässlichkeit. Kurzum, wir brauchen charakterfeste Führungspersönlichkeiten. Manager, die so viel Kompetenz ausstrahlen, dass ihnen die Mitarbeiter auch dann vertrauen, wenn Planzahlen nicht mehr funktionieren.

Mit diesen persönlichen Herausforderungen an Führungskräfte beschäftigen wir uns im dritten Kapitel eingehender. Werfen wir zunächst einen Blick auf die veränderten Rahmenbedingungen, auf die gute Führung ihre Mannschaft einstellen muss – und auf das entscheidende unternehmerische Thema: Wachstum.

2.2. Wachstum in neue Dimensionen

Wachstum ist kein Fetisch, sondern zentrales Element unseres Wirtschaftens. Denn Wachstum und Wohlstand sind positiv korreliert. Wir können uns diese Bedeutung leicht klarmachen: Wollen wir unseren Wohlstand innerhalb einer Generation verdoppeln – aus meiner Sicht immer noch ein wertvolles Ziel –, müssen wir im Schnitt mit zwei Prozent jährlich wachsen. Wie ehrgeizig das ist, zeigen die Wachstumserfahrungen der vergangenen Jahrzehnte.

Dieses volkswirtschaftliche Kalkül spiegelt sich natürlich auch betriebswirtschaftlich, denn unsere Volkswirtschaft wächst nur, wenn unsere Unternehmen wachsen. Deswegen ist Wachstum eine zentrale Herausforderung für die Führungskräfte. Und für den „unternehmerischen Wachstumszwang" gibt es fünf wesentliche Gründe:

- Die Forderung nach Wertsteigerung. Nur wachsende Cash Flows führen zu zusätzlichem Unternehmenswert. Sind aber die Kostensenkungspotenziale durch ständige Optimierung geringer geworden, können die Cash Flows immer weniger durch Maßnahmen zur Effizienzsteigerung erhöht werden, sondern vor allem durch Umsatzwachstum.

- Existenz von Größenvorteilen. Weil die Transaktionskosten durch neue Technologien, beispielsweise im Transport oder in der Informationsverarbeitung, ständig sinken, werden Skaleneffekte immer wichtiger. Wachstum ist also notwendig, um die Kostenposition nicht zu verlieren.
- Wachsender Margendruck. Zahlreiche Märkte in den Industrienationen befinden sich in der Sättigungsphase. In dieser Situation steigt die Wettbewerbsintensität und die Margen sinken. Steigende Gewinne setzen deshalb Umsatzwachstum voraus.
- Aufbau und Erhalt von Perspektiven. Nur wachsende Unternehmen bieten gute Perspektiven für exzellente Leute. Sie brauchen als wichtige Motivationshebel internationale Projekte, Abwechslung, Karrieremöglichkeiten und eine hervorragende Bezahlung. Hier können nur wachsende Unternehmen dauerhaft die besten Bedingungen bieten.

- Globalisierung. Nur internationale Unternehmen können Geschäfte im globalen Maßstab tätigen – Globalisierung setzt hinreichend große Unternehmen voraus.

Also müssen Unternehmen wachsen. Nur wachsende Unternehmen sind in ihrer Substanz wirklich stark. Unternehmen, die überproportional wachsen, erreichen bei allen wichtigen Kennzahlen bessere Werte. Das jedenfalls ist das Ergebnis einer unserer Studien, bei der wir die Wachstumsmuster und -pfade der 1700 größten Unternehmen Europas, der USA und Japans seit Mitte der 90er-Jahre untersucht haben. Die Unternehmen, die schneller profitabel wachsen konnten als ihre Wettbewerber,

- steigern ihren Cash Flow schneller (überdurchschnittlich wachsende Unternehmen: 53,5 Prozent, übrige Unternehmen: 43,2 Prozent)
- erhöhen ihre Produktivität zügiger (Überdurchschnittliche: 7,2 Prozent, Übrige: 4,1 Prozent)
- können ihre Rentabilität schneller verbessern (Total Shareholder Return; Überdurchschnittliche: 19,5 Prozent, Übrige: 12,7 Prozent)

- schaffen mehr Arbeitsplätze (Überdurchschnittliche: 12,4 Prozent, Übrige: 3,8 Prozent).

Wachstum ist also ein wichtiges strategisches Ziel mit großen, positiven Hebeln. Wachstum gehört zu den Kernaufgaben zukunftsorientierter Unternehmensführung. Worin liegen die Gemeinsamkeiten wachstumsstarker Unternehmen? Sie liegen ganz klar in einer dezentralen Organisation, leistungsorientierter Führung, Vertrauen schaffender Transparenz und in den Freiräumen für Innovation.

Profitables Wachstum kann sich selbst tragen: Operative Exzellenz führt zu höheren Cash Flows, die in zusätzliches Wachstum investiert werden können, was wiederum zu Größenvorteilen führt, die zu überlegener operativer Exzellenz beitragen. Wem es gelingt, diesen selbstverstärkenden Kreislauf so lange wie möglich aufrechtzuerhalten, erhöht den Abstand zu den Wettbewerbern ständig.

Unternehmen brauchen also Wachstum – und das können sie häufig nur noch durch Internationalisierung und/oder Diversifikation realisieren. Die wenigsten Unternehmen haben mittlerweile auf ihren Heimatmärkten noch genügend Raum für Wachstum. Um die Dynamik im Unternehmen zu erhalten, müssen CEOs für Wachstumsfantasie sorgen und nach neuen Expansionsmöglichkeiten suchen. Denn mit zunehmender Größe wird es schwer, zusätzliches Wachstum zu generieren und die Wachstumsgeschwindigkeit zu halten.

Die Anforderung ist hoch, wie man sich leicht veranschaulichen kann: Wer schon 50 Milliarden Euro Umsatz hat und mit zehn Prozent wachsen will oder soll, muss fünf Milliarden Euro zusätzlichen Umsatz stemmen – und jedes Jahr sogar mehr, weil Wachstum nun mal exponentiell funktioniert.

Es ist also leicht zu erkennen, dass dauerhaft hohe Wachstumsraten immer schwerer zu erreichen sind. Fünf Milliarden zusätzlich, um im Beispiel zu bleiben, sind durch organisches Wachstum kaum zu erreichen. Deswegen sind Fusionen und Übernahmen ein beliebtes – und gutes – Wachstumsinstrument.

Zwischen 2003 und 2007 ist das weltweite M & A-Transaktionsvolumen von 1200 Milliarden US-Dollar auf 3000 Milliarden US-Dollar angestiegen. Im

Zug der Finanzkrise ist der Wert der Transaktionen seit Anfang 2008 zwar weltweit um 50 Prozent zurückgegangen, gleichwohl erwarten Experten, dass die schwächelnde Weltkonjunktur und die Verunsicherung an den Aktienmärkten zahlreiche neue Deals verlockend machen werden. Denn selten waren Unternehmen so billig zu haben wie im Herbst 2008. Dies wird die Unternehmenspreise für längere Zeit drücken. Strategische Investoren genauso wie an langfristiger Rendite orientierte Private-Equity-Unternehmen greifen in solchen Situationen klassischerweise zu. Fusionen und Übernahmen werden also auch in Zukunft eine zentrale Rolle spielen. BASF kauft CIBA, Bosch das Solarunternehmen Ersol – dies sind Beispiele für Projekte, die ungeachtet der Finanzkrise weitergetrieben wurden.

Trotz der Erfahrungen, die von vielen Unternehmen mit diesem Instrument gemacht wurden, scheitern immer wieder große Deals: Rover und BMW, Daimler und Chrysler, AOL und Time-Warner, Allianz und Dresdner, um nur einige prominente Beispiele zu nennen.

Die Gründe für dieses Scheitern sind vielfach untersucht und publiziert worden, und dennoch werden sie immer wieder ignoriert. Sie liegen im Wesentlichen in drei Punkten:

- Der strategische Fit ist weniger gut als erhofft.
- In einer zu hohen Akquisitionsprämie.
- In einem Zielkonflikt zwischen einer schnellen Realisierung von Synergien und den Zeitanforderungen für die kulturelle Integration.

Greifen wir uns die beiden Punkte Synergien und Akquisitionsprämie heraus und schauen sie etwas detaillierter an. Beide sind eng miteinander verbunden.

Beginnen wir mit den Synergien. Wer Synergien erschließen will, muss zunächst Klarheit schaffen, was er unter Synergien versteht. Dabei kann die enorme Begriffsvielfalt auf vier wesentliche Quellen von Synergien zurückgeführt werden:

- Marktsynergien ergeben sich dadurch, dass durch den Zusammenschluss beispielsweise ein neues Marktsegment zugänglich geworden ist oder eine neue Kundengruppe besser erschlossen werden kann.

- Kostensynergien lassen sich realisieren, indem man Skaleneffekte nutzt, um die Kostenposition zu optimieren.
- Horizontale Synergien entstehen, wenn sich zwei Unternehmen auf gleicher Wertschöpfungsstufe zusammenschließen.
- Vertikale Synergien ergeben sich, wenn ein Zusammenschluss entlang der Wertschöpfungskette stattfindet, wenn also entweder nach vorn oder nach hinten integriert wird.

Wie man die Synergien abschätzt und berechnet, dafür gibt es heute viele Instrumente. Das also ist kein Problem. Das Problem entsteht vielmehr durch den Zusammenhang zwischen den Synergiepotenzialen und der Akquisitionsprämie. Die Akquisitionsprämie ist der Anteil des Kaufpreises, der über dem Marktpreis zu zahlen ist, um die Eigentümer zum Verkauf zu bewegen. Da der Marktpreis zumindest bei börsennotierten Unternehmen den „Stand Alone"-Wert abbildet, darf die Akquisitionsprämie nie höher sein, als das erwartete Synergiepotenzial. Andernfalls wird die Akquisition für die neuen Eigentümer keinen Wert schaffen.

Im Grunde ist es nun – abgesehen von den Gefahren der Integrationsarbeit – ganz einfach, sich vor einem unrentablen M & A-Deal zu schützen: Kaufe nie ein Unternehmen, dessen Akquisitionsprämie höher ist als die – realistischen und in einer angemessenen Zeit zu realisierenden – Synergiepotenziale.

Und doch wird immer wieder gegen diese einfache Regel verstoßen. Dies hat vor allem etwas mit der Verhandlungsdynamik zu tun: Unternehmen steigen in ein Projekt ein und berechnen die Synergien auf der Kosten- und der Einnahmeseite. Die mit den Verhandlungen beauftragten Mitarbeiter kommen aus der ersten Verhandlungsrunde zurück und berichten über eine Riesenlücke zwischen Synergien und dem verlangten Kaufpreis, aus dem sich die Akquisitionsprämie ergibt. Also lässt der CEO noch einmal die Synergien neu – und höher – rechnen. So geht das Unternehmen auf diese Weise in weitere Verhandlungsrunden und die Verhandlungspartner kommen sich näher.

Inzwischen hat die Presse davon Wind bekommen. Durch das nun geweckte öffentliche Interesse wird es schwierig, hier ohne Gesichtsverlust herauszukommen. Der Zeitdruck wächst. Es fehlen „nur" noch 100 Millionen. Und an denen soll dann der Deal nicht mehr scheitern. Deswegen werden die Synergien noch mal neu berechnet ...

Neben der richtigen Ausbalancierung von Synergien und Akquisitionsprämien liegt eine weitere Schwierigkeit in dem Treffen der richtigen Geschwindigkeit, in der Synergien realisiert werden. Der Wert von Synergien nimmt in der Zeit ab – reine Finanzmathematik –, und daraus ergibt sich auch der Zusammenhang zur Akquisitionsprämie: Bei einer Prämie von etwa 20 Prozent verbleiben drei Jahre, um die Synergien vollständig zu heben. Bei 40 Prozent schrumpft die Zeit rein rechnerisch auf ein Jahr. Kein Wunder, dass die hohen Prämien der vergangenen Jahre dazu geführt haben, dass sich viele Fusionen nicht rechneten oder dass vernünftig kalkulierende Unternehmen den Private-Equity-Investoren den Vortritt gelassen haben.

Top-Manager sehen sich also der Notwendigkeit gegenüber, Synergien in kurzer Zeit zu realisieren. Auf der anderen Seite geht es darum, ein wirklich neues Unternehmen zu formen, eine neue Unternehmenskultur zu schaffen und Mitarbeiter für das notwendige Change Management zu motivieren. Das braucht aber Zeit. Nur wenige Manager sind in der Lage, diesen Zielkonflikt aufzulösen. Wer eine Übernahme einleitet, braucht also Mut und die Entschlossenheit, die gesamte Distanz zu gehen und genügend Kräfte auf die Akquisition zu konzentrieren. In dieser Situation zeigt sich die Qualität eines Managers – und ob er die richtige Mischung aus Realitätssinn und Vision hat.

Fusionen und Übernahmen sind also risikoreich und schwierig. Und wenn sie scheitern, kommt schnell der Vorwurf auf, es handle sich um eine der Moden, die Berater und Investmentbanken aus Eigeninteresse propagieren. Ich halte diesen Vorwurf für falsch. Es gibt sehr unterschiedliche Wege zum Wachstum, jede Zeit hat ihre Lösungen – schauen wir sie uns deshalb einmal genauer an. Bis Mitte der

90er-Jahre stand Diversifikation hoch im Kurs, darauf folgte die Konzentration auf die Kernfähigkeiten. Mit der New Economy kam das Konzept der Deconstruction, und in den letzten Jahren haben wir die Konzentration auf Kerngeschäfte erlebt. Sie hat über den Verkauf von Randgeschäften neue Wachstumsressourcen gerade für die Bereiche geschaffen, in denen ein Unternehmen am besten aufgestellt ist.

Jetzt sind in vielen Geschäften die Wachstumspotenziale ausgeschöpft, sei es, weil es Sättigungstendenzen gibt, weil mögliche weitere Übernahmeziele zu teuer sind oder weil das Kartellrecht keine weiteren Käufe zulässt. Deswegen sehen wir eine neue Welle von Diversifikationsstrategien. Das ist eine natürliche Folge, keine Mode.

Dank moderner Technologien können diversifizierte Unternehmen heute besser geführt werden. Sie stehen auch in puncto Rentabilität hinter der Konkurrenz nicht mehr zurück, wie unsere Analysen gezeigt haben. Im Gegenteil. In Langzeitstudien haben diversifizierte Unternehmen sogar häufiger bei Umsatz und Gewinn zugelegt als fokussierte Unternehmen. Der alte Konglomeratsabschlag ist eindeutig überholt, solange das Portfolio strategisch durchdacht, mutig und handwerklich einwandfrei diversifiziert wird. Die heute diversifizierten Unternehmen haben mit denen alter Prägung – wie dem ITT-Konzern, der durch seine übermäßige Diversifizierung in den 70er-Jahren auseinanderbrach – so gut wie nichts mehr gemeinsam.

Es gibt eine ganze Reihe von guten Beispielen für die neue Unternehmensgeneration. Google war zunächst nur eine Suchmaschine für Internetadressen – und zwar die mit Abstand effektivste. Also wurde die Maschine zu einem lukrativen Werbeträger ausgebaut – und ein neues Geschäftsfeld nach dem anderen weltweit erobert.

Der Computerhersteller Apple war in der Krise, bevor er seinen iPod auf den Markt brachte und gleichzeitig sogar selbst zum Musikanbieter wurde. Innerhalb kürzester Zeit entstand ein neues Geschäftsfeld, das Apple auf eine sehr viel bessere Grundlage stellte.

Zeitungsverlage in Deutschland haben ihre Marke in den vergangenen Jahren erfolgreich genutzt, um Produkte wie DVDs oder Bücher unter eigenem Namen zu vertreiben – und so neue Einnahmen zu generieren.

Der technologische Fortschritt ermöglicht auch in Zukunft Wachstum, wo es früher nicht möglich und nicht steuerbar gewesen wäre. Neue Technologien helfen, größere Unternehmen zu steuern und zu kontrollieren, sodass weder die Entwicklungsdynamik noch die Kosten aus dem Ruder laufen. Transportkosten betragen heute nicht einmal mehr 30 Prozent dessen, was noch vor sieben Jahrzehnten aufgewendet werden musste. Die Preise für die Speicherung von Daten sind im Vergleich zu den frühen 80er-Jahren um den Faktor fünf Millionen gefallen. Ein Transatlantik-Gespräch kostet heute noch einen Eurocent pro Minute, vor einem Jahrzehnt – also vor der Liberalisierung in Deutschland – waren es noch 74 Cent.

Im Dezember 1995 nutzten 0,4 Prozent der Weltbevölkerung das Internet. Im Juni 2008 waren es 21,9

Prozent. Die Zahl der Mobilfunknutzer hat sich von 64.500 (1981) auf 3,5 Milliarden (2008) erhöht. Bis 2020 sollen es sogar 6,2 Milliarden Handynutzer werden. Dann bilden Menschen ohne Mobiltelefon auf dieser Erde die Ausnahme. Der Informationsaustausch ist massiv gewachsen. Das weltweite Volumen von Inlandsgesprächen ist seit 1977 auf das 41-Fache gestiegen – nämlich auf gut 5000 Milliarden Minuten. Das Volumen der internationalen Gespräche wuchs im gleichen Zeitraum sogar auf das 400-Fache und erreichte fast 200 Milliarden Minuten.

Der technologische Fortschritt ermöglicht es natürlich nicht nur, Unternehmen anders zu führen, sondern auch neue Geschäfte zu entwickeln. Daraus entsteht das Wachstumspotenzial für die Zukunft. Es zu erschließen ist allerdings hartes Handwerk. Denn unsere Wachstumsstudien haben auch gezeigt, dass die berühmten „rule breaking strategies“, die wir uns alle wünschen, äußerst selten sind. Wenn wir ehrlich sind, fallen uns dazu immer wieder nur die altbekannten Beispiele wie Dell, Ikea und H & M ein.

Das Gros der erfolgreichen Unternehmen erreicht Wachstum durch gute Unternehmensführung, indem sie es schaffen, die Wachstumshebel in beide Richtungen zu betätigen:

- Innovation wird nicht nur genutzt, um technologischen Vorsprung zu erreichen, sondern um gleichzeitig die Produktivität durch Prozessinnovationen zu erhöhen.
- Bei der Globalisierung geht es nicht nur um die Ausnutzung von Faktorkostenvorteilen, sondern gleichzeitig darum, neue lokale Märkte aufzubauen.
- Marketingstrategien werden nicht nur zur Differenzierung eingesetzt, sondern gleichzeitig, um die Kundengewinnungskosten zu senken.

Dazu gehört auch die Netzwerkbildung, mit deren Hilfe die Kosten (und Risiken) gesenkt und zusätzliche Absatzpotenziale erschlossen werden. Das schaffen Auto- und Pharmakonzerne, wenn sie gemeinsame Entwicklungsprojekte auflegen. Das schaffen Verbände – zum Teil mit der Politik –, wenn sie gemeinsame Standards festlegen (wie im Mobilfunk), die Markteintrittsbarrieren für potenzielle Kunden beseitigen und gleichzeitig zu einer rationelleren Nutzung von Ressourcen führen. Das schaffen mehrere Partnerfirmen, die ihre Dienstleistungen zu einem „Alles aus einer Hand"-Angebot bündeln.

Es gibt also viele Wege, um neue Wachstumspotenziale aufzubauen. Aber eines haben alle erfolgreichen Wachstumsunternehmen gemeinsam: Sie kombinieren intelligent zwei Fähigkeiten, nämlich die Wachstumsfähigkeit – also die richtige Aufstellung bei den „harten Faktoren" wie Zugang zu Kapital oder globale Produktionsstrukturen – mit der Wachstumsbereitschaft – also dem richtigen Mindset bei den „weichen Faktoren". Alle setzen in ihren Unternehmen durch klare Werte und Führung auf Leistungsbereitschaft, Selbstvertrauen, Integrität, gesunden Optimismus – und schaffen damit Vertrauen. Genau darum geht es in diesem Buch.

2.3. Asia goes Europe

Bis zur Zuspitzung der Finanzkrise im Sommer des Jahres 2008 ist das globale BIP innerhalb der letzten 18 Jahre im Schnitt um knapp drei Prozent gewachsen, der Export um 8,3 Prozent und der Bestand ausländischer Direktinvestitionen (FDI) um 12,5 Prozent. Das Welt-BIP liegt heute 60 Prozent höher als nach dem Fall des Eisernen Vorhangs, die FDI-Bestände sogar um fast 640 Prozent.

Diese Belege zeigen: Die Welt ist in enormem Tempo näher zusammengerückt. Nicht nur die Eigentumsverflechtungen wurden internationaler, vor allem die Wertschöpfungsketten sind länger und vielgliedriger geworden. Nehmen wir zum Beispiel einen Philips-Fernseher. 1967 stammten nur 20 Prozent seiner Teile aus aufstrebenden Volkswirtschaften mit deutlich geringeren Lohnkosten, heute sind es 90 Prozent. In der gleichen Zeit ist der Transportkostenanteil an den Gesamtkosten von 20 Prozent auf weniger als ein Prozent gefallen.

Die Faktorkostenunterschiede, die geringen Transportkosten und die (weitgehende) Liberalisierung der wichtigsten Märkte in den Industrieländern und Schwellenländern – diese Faktoren haben neue Geschäftsmöglichkeiten geschaffen, die insbesondere Deutschland für sein Wachstum benötigt. Sie haben aber auch den Wettbewerbsdruck auf die Führungsmannschaften deutscher Unternehmen erhöht und zu einer neuen Klasse von Konkurrenten geführt, also Unternehmen, die aus Schwellenländern heraus nun auch global um Marktanteile kämpfen.

Hier nur drei Beispiele, wie früher weitgehend unbekannte Unternehmen auf die westlichen Märkte drängen. Im Jahr 2004 übernahm die chinesische Firmengruppe Lenovo – größter PC-Hersteller der Welt – die gesamte PC-Sparte von IBM für 1,75 Milliarden US-Dollar. 2006 bis 2007 erwarb der indische Stahlproduzent Mittal nach einem heftigen Übernahmekampf seinen größten Konkurrenten, den europäischen Konzern Arcelor. Und 2008 kaufte die indische Tata-Gruppe Jaguar und Landrover, die Edelmarken von Ford.

Betrachtet man die Liste der tausend größten Unternehmen der Welt, so ist der Anteil asiatischer Unternehmen innerhalb von zehn Jahren von zehn auf 22 Prozent gestiegen. Das bedeutet: Asien zählt heute 120 Großunternehmen von internationalem Format mehr – und das im Lauf von nur einem einzigen Jahrzehnt. Und wir können die Liste beeindruckender Zahlen fortsetzen, hier nur drei Beispiele:

- Mitte der 90er-Jahre gab China noch nicht einmal halb so viel für Forschung aus wie Deutschland. Heute ist es schon doppelt so viel.
- Fast die Hälfte der weltweit 1,3 Milliarden Internetnutzer lebt in Indien oder China, dabei stützen sich die Chinesen vielfach auf internetfähige Handys und besitzen nicht einmal mehr einen Laptop oder PC.
- 60 Prozent der weltweiten Fusionen und Übernahmen fanden – bis zur Finanzkrise – in Asien statt, vor zehn Jahren lagen die USA und Europa hier deutlich vorn.

„Asia goes Europe" – das gilt vor allem für China. Im Rahmen einer Initiative unserer chinesischen Büros haben wir seit drei Jahren die „Most Globally Competitive Chinese Companies“ identifiziert – Unternehmen, deren Strategie auf Expansion in den Westen ausgerichtet ist und die diese Schritt für Schritt konsequent umsetzen. In diesem Jahr waren 20 Unternehmen auf der Shortlist – von bekannten Global Playern wie Lenovo und Huawei über vermeintliche Lokalmatadore wie Tsingtao (Bier) bis hin zu Unternehmen, die Europäern auf ihren angeblichen Kernbereichen Konkurrenz machen. Dazu gehört etwa die ehemalige Wuxi Suntech Power Holdings, die unlängst ihren Namen in „Suntech Power“ gekürzt hat, um weltweit besser Solarenergieanlagen aus chinesischer Produktion zu vertreiben.

Die „Suntech Power“ ist ein Beleg für den spürbaren Druck, den Unternehmen Asiens jenseits von Billigprodukten auf die Führungsmannschaften westlicher Unternehmen ausüben können. Die Solaranlagenproduzenten, 2001 in der Provinz Wuxi gegründet, gehören heute zu den Unternehmen der Branche, die am stärkten in R & D investieren, das vierte Forschungszentrum in Shanghai steht kurz vor der Eröffnung. Und immerhin: Etwa jede vierte Solarzelle weltweit wird heute bereits in China hergestellt.

Und Chinas Unternehmen denken Forschung und Entwicklung auch global. Ein bekannteres Unternehmen, der Kommunikationsspezialist Huawei – auch ein Gewinner unseres Wettbewerbs –, hat unlängst für internationale Aufmerksamkeit gesorgt, als es sein neues Innovationszentrum im Sommer 2008 in Darmstadt eröffnete.

Der lange Marsch Chinas nach Westen ist dabei nicht nur der „Windfall Profit“ einer günstigen Wirtschaftsentwicklung, er gehorcht einem Plan, dessen Stoßrichtung Chinas Staats- und Parteiführung vorgegeben hat und die nun von den Führungskräften in Unternehmen, Universitäten und Provinzen systematisch umgesetzt wird.

Im Mittelpunkt dieser Aktivitäten steht nicht nur die ökonomische Wohlfahrt des Landes, die Expansion „hat auch sehr viel mit dem Selbstbild der Chinesen zu tun – als wahrhaft große Nation vergleichen wir uns mit den USA und Europa“, hat Bessie Lee, chinesische Geschäftsführerin des Marktforschungsunternehmens Mindshare & Maxus, gegenüber unserem Management-Magazin *think:act* erklärt. Und weiter: „Durch die Globalisierung gewinnen Chinas Unternehmen an Prestige. Die Regierung unterstützt und ermutigt sie dabei.“

Zum Maßnahmenpaket dieser Unterstützung zählen der Aufbau von Netzwerken und Kontakten in andere Wirtschaftsregionen und eine großzügige Finanzierung von Aufkäufen und Partnerschaften. Am wichtigsten jedoch ist die Personalpolitik. 89,5 Prozent aller chinesischen Studenten haben den Trend erkannt und möchten im Ausland studieren. Allein in Deutschland sind es heute 20.000 chinesische Studenten, viele sind aufgrund guter Leistungen mit einem staatlichen Stipendium gezielt an bestimmte Lehrstühle und für bestimmte Themen platziert worden. Zur Vorbereitung auf Studien und Spitzenjobs in Unternehmen werden die Kader häufig zunächst auf Sprachschulen geschickt, inoffiziellen Quellen zufolge sind Englands Institute durch die chinesischen Besucher auf Jahre hinaus zu mehr als 50 Prozent ausgebucht.

Für manche Regionen ist der Drang Chinas nach Westen bereits zu einem lukrativen Geschäftsfeld geworden. Hamburg etwa profitiert nicht nur von seinem Namen – Han Bao heißt so viel wie die Burg der Chinesen –, es beherbergt inzwischen mehr als 350 Zweigniederlassungen von chinesischen Unternehmen. Für die Kinder von deren Mitarbeitern hat der Senat der Freien und Hansestadt einen Schulzweig mit Chinesisch als Zweitsprache eingerichtet, die Ausbildung junger Ingenieure erfolgt bereits in Kooperation der Hochschulen Shanghai und Hamburg.

Für die Führungskräfte westlicher Unternehmen geht es also längst nicht mehr (nur) um „how to succeed in China", sondern vielmehr darum, „how to compete, when China goes Europe".

Die gute Nachricht lautet: Europas Unternehmen sind für den Wettbewerb mit ihren asiatischen Konkurrenten sehr gut aufgestellt – vermutlich sogar besser denn je. Das ist das Ergebnis unserer Initiative „Best of European Business", in deren Rahmen wir seit 2004 die Leistungsfähigkeit der Unternehmen Europas untersucht haben.

Wir haben uns bei dieser Initiative – von uns kurz BEB genannt – an einem Dreiklang aus Traum, Vision und strategischer Notwendigkeit leiten lassen:

- Der Traum: Europa als wettbewerbsstärkste Region der Welt, durch mehr Innovation, mehr Bildung, mehr Wettbewerb, schlanke Verwaltung.
- Die Vision: Vielfalt schafft Kreativität, Kreativität bringt Wettbewerbsvorteile, und Europa bietet genau diese Vielfalt.
- Die strategische Notwendigkeit: Unternehmen brauchen große Heimatmärkte, um „zu Hause" die Kraft für die globale Entwicklung zu gewinnen.

Im Übrigen beruht BEB nicht nur auf Träumen und Visionen, sondern auch auf handfesten Zahlen, die deutlich zeigen: Europa ist viel besser als sein Ruf. Hier einige Beispiele:

- Europa ist mit einer Wirtschaftsleistung von mehr als 11.000 Milliarden Euro der größte Wirtschaftsraum der Welt, größer als die USA, zweimal so groß wie Japan, und immer noch mehr als fünfmal so groß wie China.

- Wie schon gesagt, haben 24 der 50 größten Unternehmen der Welt ihren Sitz in Europa, neun davon in Deutschland; die Zahl der US-amerikanischen Unternehmen auf dieser Liste ist von fast der Hälfte auf 15 gesunken.
- Europa ist technologisch stark, hier arbeiten 6,9 Prozent aller Beschäftigten in forschungsintensiven Industrien, in den USA beispielsweise sind es nur 4,9 Prozent.
- Da überrascht es nicht, dass Europas Unternehmen inzwischen zu den größten Exporteuren von Hightech-Produkten geworden sind.

Europas Wirtschaft ist also auf den Weltmärkten erfolgreich: An den weltweiten Exporten hat Europa einen Anteil von rund 40 Prozent – die USA kommen gerade einmal auf neun Prozent, und China ist zwar dabei, die USA zu überholen, schafft es aber noch nicht an Deutschland vorbei.

Das klingt gut. Aber wir müssen um unsere Wettbewerbsfähigkeit weiter kämpfen. Das zeigt auch eine Umfrage, die wir anlässlich des jüngsten BEB unter Top-Managern durchgeführt haben:

- Alle Befragten glauben, dass die EU trotz vieler positiver Entwicklungen nur eingeschränkt fit ist für die Globalisierung.
- 90 Prozent der Befragten halten die Vollendung des Binnenmarkts für zentral, wenn es um die globale Wettbewerbsfähigkeit der europäischen Unternehmen geht.

Der Grund für diese Ergebnisse liegt meines Erachtens in der zentralen Bedeutung großer, funktionierender Heimatmärkte. Denn wir dürften nicht vergessen, dass die weltweit größten 500 Unternehmen immer noch mehr als die Hälfte ihres Umsatzes in ihrer jeweiligen Heimatregion machen, bei den 500 größten US-amerikanischen sind es – anders als viele vermuten – sogar knapp 80 Prozent.

Für Europa kommt es deswegen auf drei Dinge an:

Erstens geht es um die schnelle Verwirklichung eines echten Binnenmarkts. Dazu gehört der weitere konsequente Abbau aller Handelsbeschränkungen innerhalb der EU – gerade auch für Dienstleistungen –, die

Umsteuerung der Subventionen in Forschung und Bildung und der Abbau von Bürokratie. Denn Günter Verheugen hat immer noch Recht, wenn er die EU-Verwaltung mit „technisch, arrogant und von oben herab“ charakterisiert.

Zweitens geht es um den Ausbau der transatlantischen Beziehungen. Denn die USA und die EU repräsentieren zusammen heute immer noch fast 60 Prozent des globalen BIPs, und 14 Millionen Arbeitsplätze sind dies- und jenseits des Atlantiks durch gegenseitige Investitionen entstanden. Volkswirte haben zudem berechnet, dass durch engere Kooperation in Europa zwei Prozent zusätzliches Wachstum entstehen könnten. Für europäische Politik und Wirtschaft heißt das, gemeinsam in den Vereinigten Staaten für diese Kooperation zu werben – denn aufgrund der starken Binnenmarkt-Orientierung der amerikanischen Wirtschaft werden die Vorteile der Zusammenarbeit dort vielfach noch nicht so gesehen. Während 80 Prozent der europäischen Top-Manager die Kooperation intensivieren wollen, sind erst 30 Prozent ihrer amerikanischen Peers derselben Ansicht.

Und ***drittens*** müssen wir den Weg überlegener europäischer Unternehmensführung selbstbewusst ausbauen.

Gibt es diesen Weg überlegener europäischer Unternehmensführung? Wir glauben schon, denn unsere BEB-Gewinnerunternehmen – also die besten Unternehmen Europas – zeichnen sich durch einige Gemeinsamkeiten aus:

- Alle Unternehmen verfolgen eine Doppelstrategie, das heißt, sie betreiben einerseits eine kontinuierliche Produktivitätssteigerung und investieren andererseits in Wachstum. Mit anderen Worten gesagt: Sie verfolgen gerade nicht die traditionelle V-Kurven-Strategie – erst restrukturieren, dann wachsen –, sondern arbeiten heute an beiden Fronten gleichzeitig. Darüber haben wir im Abschnitt über Wachstum bereits gesprochen.
- Alle haben ihre Systemkopffunktionen auf ihrem Heimatmarkt gestärkt und damit einen Weg gefunden, den Hochlohnstandort zu nutzen. Systemkopf heißt: Konzentration auf die wichtigen Steuerungsfunktio-

nen wie Forschung und Entwicklung, Fertigungsplanung, Vertriebssteuerung oder Marketing und Branding, After-Sales-Services – also die Elemente, die ihren einzigartigen Wettbewerbsvorteil letztlich ausmachen. Damit werden wir uns in einem der nächsten Abschnitte beschäftigen.

- Und alle haben es geschafft, die kulturelle Vielfalt in Europa für sich zu nutzen und Wettbewerbsvorteile aufzubauen, durch Dezentralisierung, durch spezifisches Marketing, durch gute Führung ihrer lokalen Geschäfte.

Europäische Unternehmen sind also langfristiger und strategieorientierter und setzen damit einen Kontrapunkt zu den US-amerikanischen Wettbewerbern, wie sich gerade jetzt in der Finanzkrise zeigt. Aber wenn es diesen Weg überlegener europäischer Unternehmensführung gibt, dann müssen wir ihn auch verteidigen. Und dabei spielen die betriebswirtschaftliche Forschung und die Ausbildung zukünftiger Manager eine entscheidende Rolle. Dabei sind zwei Aspekte wichtig:

- Erstens: Die aktuelle Vereinheitlichung der Abschlüsse in Europa durch BA und MA – kritisch könnte man auch sagen: die Amerikanisierung – geht in die falsche Richtung und zwar ausgerechnet zu einem Zeitpunkt, an dem an führenden amerikanischen Schulen diskutiert wird, ob die Ausbildung nicht breiter angelegt werden sollte.
- Zweitens: Natürlich ist es richtig, dass wir uns intensiv um den Ingenieurnachwuchs kümmern und die Exzellenzinitiativen auf Naturwissenschaften und Technologie zielen. Aber: Wie wir gesehen haben, setzen starke Unternehmen auch exzellentes Management-Know-how voraus. Und deswegen macht es mich besorgt, dass nicht eine betriebswirtschaftliche Fakultät bei den Exzellenzinitiativen dabei ist.

Hinzukommen muss ein breites, interdisziplinäres Studienangebot in bester humanistischer Tradition – denn das ist meines Erachtens immer noch die beste Antwort auf das Vorhaben, Ethik und Moral in die Ausbildung zukünftiger Manager zu integrieren. R.D. Laing hat gesagt, „Wir leben in einer Zeit, in der sich der Wandel so beschleunigt, dass wir Veränderungen oft erst wahrnehmen, wenn sie schon wieder verschwunden sind." Mit Blick auf asiatische und insbesondere chinesische Unternehmen in Europa stehen wir bereits an dieser Schwelle. Vielleicht ist die Veränderung schon weiter, als wir denken. Aber wir haben gute Antworten und hoffentlich den Mut und die Kraft, sie zu realisieren.

2.4. Die neue Macht der Kapitalmärkte

Die Kapitalmärkte spielen heute eine wesentlich größere Rolle als noch vor wenigen Jahren. Und ihre Anforderungen stellt die Unternehmensführung vor ein Dilemma.

Darum geht es in diesem Abschnitt. Aber zunächst die Fakten: Allein zwischen 1995 und Anfang 2008 hat sich die weltweite Marktkapitalisierung an den Aktienbörsen von knapp 19 auf 63 Billionen US-Dollar mehr als verdreifacht. Pro Monat werden heute Unternehmensanteile im Wert von mehr als acht Billionen US-Dollar gehandelt, Mitte der 90er-Jahre war es gerade ein Zehntel. Anfang der 90er-Jahre nahmen europäische Unternehmen über Corporate Bonds pro Monat noch rund zwei Milliarden US-Dollar auf, mittlerweile sind es bis zu 35 Milliarden Dollar. Der Wert der Private-Equity-Transaktionen allein in Deutschland hat sich seit 2002 von 6,9 auf 50,9 Milliarden Euro erhöht. Und das sind nur die öffentlich bekannt gewordenen Transaktionen. Schätzungen rechnen noch einmal den gleichen Betrag für die nicht gemeldeten Aktivitäten in diesem Sektor. Auch wenn ihre Aktivitäten 2007 und 2008 bei Weitem nicht mehr die Größenordnung der Vorjahre erreichten, werden wir hier langfristig sicher keine komplette Trendumkehr erleben. Das Einzige, was sich wahrscheinlich ändern wird, sind die Akquisitionsprämien, die PE-Firmen bereit sind, für Übernahmeobjekte zu zahlen. Aber das wird das PE-Geschäft nur gesünder machen, nicht infrage stellen.

Eine Unbekannte, deren Rolle in den Gleichungen noch nicht eindeutig zu bewerten ist, sind Staatsfonds. In den USA wurde aus sicherheitspolitischen Gründen verhindert, dass Geld aus dem Nahen Osten in die amerikanischen Häfen investiert wurde. Auch bei anderen Branchen sind die Industrieländer bereits sehr vorsichtig, wen sie als Investoren akzeptieren wollen. Wir kennen diese Diskussion ja auch in Deutschland, ganz aktuell beispielsweise in der Frage der Hapag-Lloyd-Übernahme durch den Staatsfonds Singapurs, dessen Abwehr auch dazu geführt hat, dass sich die Stadt Hamburg nun selbst unternehmerisch beteiligt. Die schiere Finanzmacht der Fonds – insgesamt verfügen die weltweiten Staatsfonds über Kapital von fast vier Billionen Dollar, auch nach der Finanzkrise – verunsichert.

Die dynamische Entwicklung der Kapitalmärkte hat die Komplexität für Unternehmen maßgeblich erhöht. Investoren – und nicht nur Private Equity – verlangen größere Mitsprache und mischen sich in Unternehmenspolitik ein, die Rendite der Kapital-Investitionen wird weltweit verglichen und hat den Performancedruck deutlich erhöht, Investitionen von Staatsfonds erfordern eine völlig neue

Form der Kommunikation und der Abstimmung mit der Politik.

Aber viele Finanzinvestoren haben Unternehmen erst wieder Dynamik verliehen und Umstrukturierungen, Wachstum und letztlich auch langfristig sichere Arbeitsplätze ermöglicht. Und die Innovationen auf den Kapitalmärkten haben – auch unabhängig von der Finanzkrise – neue Finanzierungsmöglichkeiten für Unternehmen geschaffen und so zum Wachstum beigetragen.

Und worin liegt jetzt das Dilemma? Es gibt neue Finanzierungsmöglichkeiten, aber die Kapitalmärkte verlangen mehr Informationen und mehr Rendite. Für jeden CEO ist es deshalb ein schwieriger Spagat zwischen der Inanspruchnahme des Kapitals und der konsequenten Verfolgung seiner Strategie. Dieser Spagat wird vor allem auch bei der Kommunikation deutlich. Ins Unternehmen hinein müssen Ziele ambitioniert und damit motivierend sein. Und um motivierend zu sein, müssen sie auch hochgesteckt sein. Die Kapitalmärkte verlangen aber möglichst genaue und eindeutig quantitative Ziele. Und sie verlangen das möglichst genaue Erreichen dieser Ziele. Denn belohnt wird an der Börse allzu sehr die Prognosequalität, nicht die Zielqualität. Vorstände fürchten die Aussage: „Tolle Wachstumsstory, aber die versprochenen zehn Prozent sind nicht geschafft."

Die Analysten mögen es eben, wenn sie einfache Zahlen in den Computer eingeben und vergleichen können. Planzahlen und Prognosen, die man leicht nachvollziehen kann, vermitteln den Kapitalmärkten Sicherheit, obwohl diese Sicherheit für alle Beteiligten trügerisch ist.

Dieses Verhalten verführt dazu, Ziele zu niedrig anzusetzen, um Prognosen nicht zu verfehlen – und vielleicht sogar positiv zu überraschen. Ein Ziel muss aber einen Anspruchsgrad haben, um Menschen motivieren zu können. Ohne ambitionierte Ziele fehlt eine wesentliche Komponente des Wachstumsgedankens. Aus der Glücksforschung weiß man, dass Glücksgefühle vor allem dann entstehen, wenn Dinge erreicht werden, die man nicht für möglich gehalten hat. Zudem sind wegen der zunehmenden Komplexität wie bereits dargestellt exakte Prognosen unmöglich. Wer sie verlangt, verlangt auch Kreativität bei der Bilanzgestaltung – die sicherlich nicht im Interesse einer größeren Transparenz ist.

Die Zahlenorientierung der Analysten wird zugleich von einer unberechenbaren Irrationalität der Börsen begleitet, die Joachim Goldberg, Chef des Frankfurter Finanzdienstleisters Cognitrend, einmal so beschrieben hat: „Der Homo oeconomicus ist eine Fiktion. Der überwiegende Teil der Börsianer handelt allenfalls begrenzt rational. Studien belegen, dass Verluste zweieinhalbmal höher bewertet werden als Gewinne in gleicher Höhe."

Dass dabei auch die Analysten geradezu regelmäßig irren, kann man an Statistiken etwa von Direktbanken ablesen, die die Prognosegenauigkeit unterschiedlicher Bankhäuser für ihre Kunden nachvollziehen. Die Trefferquote liegt bei unter 40 bis etwa 60 Prozent. Die Wettervorhersage ist im Vergleich häufig besser – und bewegt nicht so viele Milliarden.

Ein weiteres Element des Dilemmas sind die Renditeerwartungen der Kapitalmärkte. Dass sie im Zug der Internationalisierung global gesetzt werden und sich die Unternehmen damit an weltweit gültigen Benchmarks messen lassen müssen, fördert die Internationalisierung und trägt letztlich dazu bei, dass durch einen ständigen Performancedruck immer bessere Ergebnisse erzielt werden. Zum Problem wird es allerdings, wenn die Renditeanforderungen überzogen werden. Wir wissen aus langfristigen Untersuchungen, dass die durchschnittliche faire Eigenkapitalrendite zwischen sechs und neun Prozent liegt. Eigenkapitalrenditen von mehr als 25 Prozent als Benchmark zu setzen – wie in der Bankenindustrie zuletzt gefordert –, ist realitätsfern und letztlich gefährlich. Nicht nachhaltige, überhöhte Renditeziele zwingen Unternehmen zu kurzfristigem Denken und zu einer Optimierung der Finanzierung allein nach optischen Renditekriterien.

Es ist offensichtlich, dass ein Zielkonflikt zwischen strategischer (also nachhaltiger) und finanzieller (also kurzfristiger) Orientierung besteht. Die kurzfristige Perspektive konkurriert mit der langfristigen, die schnelle Steigerung des Unternehmens(börsen)werts mit dem Aufbau nachhaltiger Leistungspotenziale.

Mit anderen Worten, wir kommen immer mehr in einen Gegensatz zwischen strategischem und Finanz-Management. Strategisches Management richtet sich aus an der Zielsetzung des Unternehmens, an der Umsetzung der eigenen Vision und an der Entscheidung über Vorhaben und Investitionen auf Basis des strategischen Ziels. Finanzielles Management ist dagegen gerichtet auf die Zielsetzung der Kapitalmärkte, die Anpassung an die Sicht der Mehrheit, die Entscheidung über Vorhaben und Investitionen auf Basis quantitativer, an den Kapitalmärkten akzeptierter Instrumente wie beispielsweise der Discounted-Cash-Flow-Rechnung.

Beide Konzepte würden in Reinform selbstverständlich in die Irre führen. Beim finanziellen Management verzichtet man möglicherweise auf wichtige, strategische Projekte, weil die interne Verzinsung nicht ausreicht, beim strategischen Management läuft man Gefahr, zu sehr auf Einschätzungen und Glaubensrichtungen zu vertrauen. Insofern liefert unsere konzeptionelle Überlegung auch keine handfeste Antwort auf die Lösung des Dilemmas: Welche Ziele setzt man nun, und was setzt man der kurzfristigen Orientierung der Kapitalmärkte – die sich beispielsweise in der Quartalsberichterstattung manifestiert – entgegen?

Die Antwort ist schwierig. Aber die Trendantwort heißt: mehr unternehmerischen Freiraum erkämpfen. Langfristig ist die Kommunikation der Ziele wichtiger, die nach innen helfen, ein Unternehmen zu mobilisieren, richtig aufzustellen und alle Kraft auf die Erreichung der Strategie zu richten. Verbunden damit, durch Beharrlichkeit und Nachhaltigkeit auch die Analysten von diesem Kurs zu überzeugen. Denn langfristig zählen Transparenz und Ehrlichkeit – selbst im Verhältnis zu den Kapitalmärkten. Und vielleicht hilft die Finanzkrise, auch in dieser Richtung weiterzukommen.

Manche Unternehmen wehren sich wie Porsche gegen zu große Berichtspflichten. Selbst in den USA und Großbritannien haben sich in Umfragen viele Unternehmen (allein bei einer Umfrage in den USA

160) gegen eine Verpflichtung zu Quartalsberichten ausgesprochen. Jedes Unternehmen sollte selbst entscheiden können, ob eine Geschäftsberichterstattung in kurzen Abständen dem Geschäftsmodell entspricht oder nur zu verzerrenden Informationen an die Investoren führen würde.

Was hier hilft, ist auch die aktuelle Erkenntnis, dass die amerikanischem Kurzfristdenken verhafteten Bilanzierungsregeln großen Schaden anrichten können – und wir vielleicht eine Renaissance der deutschen HGB-Philosophie erleben. Hoffen wir, dass sich der Trend nach der Finanzkrise nicht umkehrt.

Die ultimative Lösung, sich den Zielkonflikten, die sich durch eine Börsennotierung mit allen Berichtspflichten ergibt, zu entziehen, ist das „Going Private“. Wer hätte noch vor wenigen Jahren für möglich gehalten, dass dieser Rückzug von der Börse ein attraktiver Weg sein kann? Heute hat sich das Bild gewandelt: Allein im Jahr 2006 zogen sich Unternehmen mit einer Börsenkapitalisierung von mehr als 150 Milliarden US-Dollar von den globalen Kurszetteln zurück. Zur Zeit der Drucklegung dieses Buchs wurde über einen (möglichen) Rückzug von Altana und von Premiere berichtet, im Sommer 2007 wurde die Mövenpick Holding wieder zu einem Familienbetrieb und kehrte der Schweizer Börse den Rücken, Schaeffler-Conti könnte ein weiteres Beispiel werden, und selbst große globale Konzerne wie Ford haben diesen Schritt zwischenzeitlich erwogen.

2.5. Das Prinzip Systemkopf

Globalisierung und neuer Wettbewerb, internationale Kapitalmärkte und technologischer Fortschritt eröffnen den Unternehmen vollkommen neue Chancen, machen vielen Menschen aber auch Angst. Vor allem fürchten die Beschäftigten in den Industriestaaten wie Deutschland um ihre Arbeitsplätze. Es stellen sich eine ganze Reihe von Fragen:

- Ist es wirklich unmöglich, im globalen Konkurrenzkampf zu gewinnen und gleichzeitig Beschäftigung am Heimatstandort zu schaffen?

- Sind Arbeitsplatzverlagerungen in Niedriglohnländer langfristig der einzige Weg zum Erfolg?
- Liegt die Zukunft wissensintensiver Unternehmensfunktionen im Ausland?
- Was macht Unternehmen produktiver: Kostensenkung durch Jobverlagerung oder Investitionen in die Köpfe ihrer Mitarbeiter?

Auf diese Fragen müssen Führungskräfte die passenden strategischen Antworten finden und zwar nicht nur, um ihre Unternehmen neu auszurichten, sondern auch, um durch kluge Antworten das Vertrauen der Menschen in den Unternehmen zurückzugewinnen. Und es gibt gute Antworten, das zeigt die Studie *Systemkopf Deutschland Plus*, die wir gemeinsam mit dem Bundesverband der Deutschen Industrie (BDI) und dem IW Köln durchgeführt haben. Die Studie setzt auf den Stärken der Unternehmen in Deutschland auf, die sich beispielsweise in den Rankings des World Economic Forum widerspiegeln: die Qualität der Zulieferer zum Beispiel, die Innovationskapazität, die Präsenz in der Wertschöpfungskette, das Niveau der Produktionsprozesse. Stärken also, hinter denen bestimmte Funktionen stehen – unsere Systemkopffunktionen. Es geht um Forschung und Entwicklung, Produktionssteuerung, Vertriebssteuerung, Marketing und Branding, Design, und eben auch die Fertigung hochwertiger Teile und Produkte.

Es geht also um anspruchsvolle Funktionen, die Unternehmen brauchen, um globale Aktivitäten erfolgreich zu steuern und um sich im globalen Wettbewerb von der Konkurrenz zu differenzieren. Unternehmen, die diese Funktionen an ihrem Heimatstandort personell besonders gut ausgestattet haben, bezeichnen wir als Systemkopfunternehmen.

Teil der Hypothese war auch, dass diese Funktionen – besser: das Beherrschen dieser Funktionen in der Wertschöpfungskette – nicht nur die globale Wettbewerbsfähigkeit eines Unternehmens stärken, sondern auch – und das ist das „Plus“ im Titel – eine Basis bieten, um Beschäftigung am Heimatstandort, also in Deutschland, zu sichern und sogar auszubauen. Und die empirischen Ergebnisse der Studie bestätigen diese These:

- Knapp 19 Prozent aller größeren Unternehmen in Deutschland sind Systemkopfunternehmen, setzen also explizit auf Systemkopffunktionen in Deutschland.
- Diese Unternehmen sind im Schnitt erfolgreicher als andere: Sie wachsen schneller, sind profitabler und sie sind innovationsintensiver.
- Und: Sie sind mit ihren Systemkopffunktionen standorttreuer. Obwohl mehr als zwei Drittel der Systemkopfunternehmen signifikantes Auslandsgeschäft haben, liegt der Anteil der Unternehmen, die auch Systemkopffunktionen im Ausland haben, unter zehn Prozent.

Die Systemkopfidee findet sich, wie unsere Untersuchungen ergeben haben, in der deutschen Wirtschaft eindeutig wieder, und es gibt sowohl unter Konzernen wie Mittelständlern viele gute Beispiele. Bosch hat zum Beispiel in Abstatt – also hier in Deutschland – ein Entwicklungszentrum mit 2000 neuen, hoch qualifizierten Arbeitsplätzen eröffnet. 64 Prozent aller F & E-Beschäftigen arbeiten in Deutschland. Ein

Beleg dafür, dass Wissen weniger mobil ist, als gemeinhin behauptet wird – wenn man es richtig macht. ThyssenKrupp Marine Systems, in einem echten Hightech-Markt tätig, produziert seine Schiffe ausschließlich in Deutschland – Qualität und vor allem die Vernetzung mit Forschungseinrichtungen machen hier den Erfolg aus. Adidas ist ein weiteres gutes Beispiel: Nahezu 100 Prozent der Produkte werden zwar in einem weltweiten Netzwerk hergestellt, aber gesteuert werden die Aktivitäten aus Deutschland heraus. Mit einer Zentrale, in der Mitarbeiter aus 40 Nationen arbeiten. Vielfalt schafft Kreativität – auch in Deutschland! Oder ein letztes Beispiel: Der Automobilzulieferer Benteler gründet zwar im Ausland ständig neue Werke, um näher am Kunden zu sein, die wettbewerbsentscheidenden Funktionen wie F & E, Prototyping oder Produktionsplanung aber sind zentral in Deutschland angesiedelt.

Hochwertige, wissensintensive Aufgaben oder Funktionen werden also nicht oder weniger stark ins Ausland verlagert. Jedenfalls dann nicht, wenn die Strategie der Unternehmen dazu passt. Und hier zeigen sich bei den Systemkopfunternehmen einige Gemeinsamkeiten, die auch Hinweise auf eine gute, zukunftsorientierte Unternehmensführung geben.

Systemkopfunternehmen zielen häufig auf Technologieführerschaft in ihren Geschäften und investieren im Schnitt mehr in F & E als andere. Viele Systemkopfunternehmen setzen auf Systemgeschäfte, das heißt, sie bauen (häufig zentral) Systemkompetenz auf, verbinden Produkte und Dienstleistungen und schaffen hochwertige Lösungen. Diese Entwicklung ist schon deswegen wichtig, weil unternehmensnahe Dienstleistungen die Nähe zur Produktion brauchen – und umgekehrt.

Systemkopfunternehmen sind häufiger als andere Unternehmen in lokale Zulieferer-, Produktions- oder Entwicklungsverbünde eingebunden und steuern diese ganz konkret. Die Nähe – und damit die kurzen Wege und das persönliche Vertrauen, das aufgebaut werden kann – spielt offensichtlich eine große Rolle. Und es gibt gute Beispiele dafür: das Rhein-Neckar-Dreieck mit der BASF im Chemiebereich, Hamburg mit Luftfahrt, Logistik sowie Werften und Leipzig und Dresden mit dem Aufbau von Logistik-, Automobil- und Hightech-Clustern.

Systemkopfunternehmen sind auch in der Mehrzahl dezentral organisiert, das heißt, sie haben kunden- und marktnahe Funktionen dezentral mit unternehmerischer Verantwortung angesiedelt. Und, selbst wenn es wie eine Banalität erscheint: Systemkopfunternehmen fällen Verlagerungsentscheidungen sorgfältiger als andere. Sie folgen keinem Mainstream, sondern setzen bewusst – und, wie sich gezeigt hat, erfolgreich – auf deutsche Stärken und differenzieren stärker: Was ist wettbewerbsrelevant, wo können wir eine Verknüpfung mit einzigartigen Ressourcen erreichen, wo haben wir ein hohes Wertschöpfungspotenzial und wo zählt Wissensintensität?

Einen Punkt möchte ich noch vertiefen. Der „Mainstream" sagt, dass immer mehr Forschungsaktivitäten von Deutschland abgezogen werden. Deutsche multinationale Unternehmen haben sich aber gerade in der Forschung und in wissensintensiven Branchen in den vergangenen Jahren am Heimatstandort gestärkt. Der Auslandsanteil bei den F & E-

Ausgaben ist seit 2001 von 35 auf 30 Prozent zurückgegangen. Mit anderen Worten: Es ist die Forschung hier am Standort, die ausgebaut worden ist. Ganz anders, als es immer wieder dargestellt wird. Deutschland zieht gleichzeitig die F & E-Abteilungen ausländischer Multis an. Mittlerweile ist Deutschland weltweit der zweitgrößte Forschungsstandort ausländischer Unternehmen nach den USA.

Es gibt immer wieder faszinierende Sätze, die in wenigen Worten eine ganze Philosophie formulieren. Der Claim des erfolgreichen Automobilbauers Audi gehört dazu: Vorsprung durch Technik. Dieser Satz kann als Leitlinie für unsere Systemkopfidee dienen – mehr muss eigentlich nicht gesagt werden.

2.6. Die Ressourcenbasis absichern

Deutschland hat nur wenige eigene Rohstoffvorkommen. Es ist beim Öl zu 97 Prozent von Importen abhängig, beim Gas zu 82 Prozent. Die in unserem

Land verbrauchte Steinkohle wird zu zwei Dritteln durch Einfuhren gedeckt. Bei wichtigen industriellen Rohstoffen wie Chrom, Platin, Lithium oder Wolfram vereinen die drei Länder mit den jeweils größten Vorkommen zwischen 75 und 95 Prozent der globalen Ressourcen auf sich – und Deutschland hat in keinem Fall nennenswerte Vorkommen. Und auch bei den fördernden Unternehmen ist eine hohe Konzentration festzustellen. Die Versorgung mit Eisenerz etwa wird von vier Anbietern dominiert, die zusammen auf 40 Prozent Marktanteil kommen. Bei Kupfer vereinen die fünf größten Abbauunternehmen mehr als 53 Prozent des Markts auf sich.

Die Sicherung eines langfristigen, kostengünstigen Rohstoffnachschubs ist damit für unsere Unternehmen zu einer echten strategischen Herausforderung geworden, weit über die Klimadebatte hinaus. Daran ändert auch der aktuell sinkende Preisdruck nichts, der im Übrigen lange nicht so deutlich ist, wie viele glauben. Erdöl ist – trotz des drastischen Preisverfalls der letzten Wochen – immer noch teurer als vor drei Jahren und sehr viel teurer als zur Jahrtausendwende, als sich kaum jemand Preise jenseits von 30 Dollar je Barrel vorstellen konnte. Der Kupferpreis ist ebenfalls stark eingebrochen – und doch nur auf das niedrigste Niveau seit drei Jahren gesunken. Ein überschaubarer Zeitraum.

Einfache Antworten auf echte strategische Herausforderungen gibt es selten, auch hier nicht. Aber auch durch die intensive Diskussion über Klimawandel und die Idee einer ökologischen Industriepolitik zeichnen sich zumindest drei Richtungen ab:

- Energie- und Materialeffizienz steigern
- rückwärts integrieren, jedenfalls da, wo möglich
- durch ein neues Zusammenspiel zwischen Wirtschaft und Politik den Ressourcenzugang langfristig absichern.

Die Potenziale zur Steigerung der Energie- und Materialeffizienz sind durch den enormen technologischen Fortschritt der vergangenen Jahre sehr groß. Für die Wiederverwertung von Kupfer etwa wird 80 Prozent weniger Energie benötigt als bei der Herstellung aus Erz. Beim Papierrecycling können 50 Prozent gespart werden, bei Altglas sogar 75 Prozent. In deutschen Wohnhäusern stecken etwa 100 Millionen Tonnen Metalle, die verwertet werden könnten.

Dabei ist Recycling sogar nur ein kleiner Teil der Möglichkeiten, Abhängigkeiten zu verringern. Umwelttechnologie insgesamt hilft, den Ressourceneinsatz zu reduzieren – von der Nutzung erneuerbarer Energien über innovative Mobilitätstechnologien bis hin zu neuen Produktionstechniken und Produkten. Bauherren verarbeiten etwa neuartige Energiesparprodukte wie Neopor – einen Dämmstoff, der in den Labors von BASF entstanden ist. Der Industriekonzern Evonik arbeitet für die Autoindustrie an neuartigen Gummimischungen, die den Rollwiderstand von Reifen reduzieren. Siemens entwickelt Turbinen mit höherem Wirkungsgrad, und Bosch Rexroth stellt Pumpen her, die sich dank Drehzahlregelung dem Bedarf anpassen lassen. Was unspektakulär klingt, birgt enormes Sparpotenzial. Denn die Industrie wendet allein für den Antrieb von Pumpen knapp ein Drittel ihres gesamten Stromverbrauchs auf.

Deswegen hat dieses Thema auch eine zweite Dimension: Es ist ein riesiger Wachstumsmarkt für unsere Unternehmen. Der Weltmarkt für Umwelttechnologien umfasst heute etwa 1,4 Billionen Euro. Und das Volumen dürfte sich bis zum Jahr 2020 mehr als verdoppeln. Unsere diesbezüglichen Studien für das Umweltministerium haben überdies gezeigt, dass unsere Industrie weltweit exzellent positioniert ist, mit Weltmarktanteilen zwischen zehn und 30 Prozent.

Während die Strategien zur Steigerung der Energie- und Materialproduktivität für nahezu alle Unternehmen gelten – und offensichtlich sind –, ist die Sinnhaftigkeit einer Rückwärtsintegration deutlich schwieriger zu beantworten. In den 80er- und frühen 90er-Jahren haben sich deutsche Konzerne von ihren Rohstoff- und Minenbeteiligungen weitgehend getrennt, weil die Rohstoffpreise stark gefallen waren und weil eine Konzentration auf das eigentliche Kerngeschäft – beispielsweise Stahlerzeugung – wirtschaftlicher war.

In den letzten Jahren ist ein Strategieschwenk zu beobachten; einige Produzenten kauften sich wieder in Minen für Eisenerz und Kohle sowie in Kokereien ein, um unabhängiger zu werden, der Volatilität der Rohstoffnotierungen entgegenzuwirken und zusätzliche Margen abzuschöpfen. Besonders stringent verfolgt diese Linie Weltmarktführer ArcelorMittal. Der Konzern deckt heute schon etwa die Hälfte des Rohstoffbedarfs aus eigenen Quellen ab. Reifenhersteller Michelin ist ein anderes Beispiel aus einer anderen Branche. Er bestellt seit Jahrzehnten in Nigeria und Brasilien mehr als 20.000 Hektar Kautschukbaumplantagen – und kann somit direkt und kostengünstig auf seinen wichtigsten Rohstoff zugreifen. Ähnliche Entwicklungen kennen wir auch aus der Solarindustrie bei der Siliziumproduktion.

Ist das erfolgreich? ArcelorMittal zeigt die Volatilität: Bis in den Spätsommer 2008 ja, aber dann stürzte der Kurs auch ab. Zweifellos sichert die Rückwärtsintegration den Zugriff auf die Rohstoffe und sorgt bei Engpässen und hohen Marktpreisen für Übergewinne, erhöht aber massiv die Risiken. Deswegen sind die Überlegungen zum Zusammenhang von Akquisitionsprämien und Synergiepotenzialen, die wir in Abschnitt 2.2. diskutiert haben, für die Rückwärtsintegration besonders relevant.

Nicht in allen Bereichen können die Unternehmen allein die neue Komplexität auf den Rohstoffmärkten in den Griff bekommen, teilweise ist auch die Politik gefragt. Dabei geht es beispielsweise um den Abbau von Handelsbeschränkungen und die Senkung von Einfuhrzöllen – insbesondere aber darum, durch ein neues Zusammenspiel zwischen Wirtschaft und Politik den Ressourcenzugang langfristig abzusichern. Überwunden geglaubte politische Frontstellungen feiern nämlich seit einiger Zeit ein Comeback. So sicher zum Beispiel die Vertragsbeziehungen mit Russland in den vergangenen Jahren waren – selbst in Zeiten des Kalten Kriegs waren die Lieferungen nach Westeuropa nie gefährdet –, so verkompliziert sich doch die Lage. Das kompromisslose Auftreten Moskaus gegenüber Georgien und der Ukraine mag eine vorübergehende Erscheinung sein – und ist auch sicher nicht so eindimensional zu betrachten wie in der öffentlichen Wahrnehmung –, aber wer auf russische Gas- und Öl-Lieferungen angewiesen ist, muss sich fragen, welcher Druck unter Umständen in Zukunft auf ihn als Geschäfts- und Verhandlungspartner ausgeübt werden kann. Die Antwort kann nur im politischen Dialog zwischen EU und Russland gefunden werden.

Das gilt auch für rohstoffreiche Staaten etwa in Afrika. Europäische und amerikanische Unternehmen haben es bislang oft vermieden, sich an afrikanischen Minen zu beteiligen, da ihnen das politische Umfeld und die teilweise korrupten Regierungen zu unsicher waren. Chinesische Investoren waren weniger zögerlich und engagieren sich stark auf dem afrikanischen Rohstoffmarkt – und werden vom chinesischen Staat entweder aktiv unterstützt oder sogar zu einem solchen Schritt animiert. Mittlerweile leben etwa eine Million Chinesen in Afrika und bauen ein neues Beziehungsgeflecht und Abhängigkeiten auf.

Umso wichtiger ist es für die Zukunft, dass Wirtschaft und Politik in den westlichen Industriestaaten stärker zusammenarbeiten. Ohne die Unterstützung der Politik sind selbst die stärksten Konzerne politischen Zufällen ausgesetzt, wie das Beispiel BP in Russland gezeigt hat. Das britisch-russische Joint Venture zur Ölförderung, das als wichtige Säule in der gesamten BP-Konzernstrategie galt, war monatelang durch einen Machtkampf mit der russischen Investorenseite gelähmt.

Unter den komplexen Bedingungen auf den globalen Rohstoffmärkten spielt die Zusammenarbeit zwischen Politik und Wirtschaft eine zentrale Rolle dabei, für stabile Beziehungen zu den Ländern mit den großen Rohstoffvorkommen zu sorgen. Sie ist vor allem auch gefordert, Antworten auf ethische Fragen – etwa die allgegenwärtige Korruption in manchen Weltregionen – zu geben. Ich persönlich bin zutiefst davon überzeugt, dass wir uns nicht korrumpieren lassen dürfen, sondern dass die Initiativen des Bundespräsidenten und der Bundesregierung, durch konsequente Förderung des sozialen Aufbaus in diesen Ländern, nachhaltiger sind und unsere Interessen langfristig besser sichern.

2.7. Selbstbewusst in die Krise gehen

Wir haben uns in den vorherigen Abschnitten mit Chancen und Möglichkeiten auseinandergesetzt, mit Herausforderungen für Unternehmensführungen und möglichen Lösungen. Die aktuelle Finanzkrise hat das Bild scheinbar völlig verändert. Und die Frage ist: Stimmt das, was wir bisher gesagt haben, in dieser Ausnahmesituation noch?

Eines ist mir hier besonders wichtig: Wir haben gesehen, dass vieles von Einstellungen und Werten abhängt, von dem richtigen Zusammenspiel zwischen „harten" und „weichen" Faktoren. Ich glaube, dass dies auch und gerade in dieser Situation gilt. Deswegen die Kapitelüberschrift: Selbstbewusst in die Krise gehen. Ich glaube auch, dass wir dazu allen Grund haben. Doch zunächst, wie in den anderen Abschnitten ebenfalls, zu den Fakten.

Fakt ist, dass bei Drucklegung dieses Buchs niemand wusste, wie es in den nächsten Monaten weitergehen würde. Um Orientierung zu bieten, hatten wir für unsere Klienten drei mögliche Szenarien aus unserem weltweiten Netzwerk heraus entwickelt: rasche Erholung, Rezession und echte Depression. Hier die Beschreibung des Szenarios, das wir für wahrscheinlich halten, nämlich eine Rezession oder Doppelkrise.

a) Dauer der Krise: mindestens einschließlich des gesamten Jahres 2009. Als Rezession gilt üblicherweise, wenn das Bruttoinlandsprodukt in zwei aufeinanderfolgenden Quartalen schrumpft.
b) Intensität der Krise: kumuliertes Schrumpfen des Welt-BIP um ein bis zwei Prozent (Deutschland zwei bis drei Prozent). Betroffen sind alle Industrienationen und – wenn auch deutlich weniger – die Schwellen- und Entwicklungsländer sowie praktisch alle Branchen.
c) Art der Krise: Finanzkrise und Realwirtschaftskrise („Doppelkrise"), also eine Finanzkrise mit starkem Durchschlag auf die Realwirtschaft. Auch hier muss wieder differenziert werden: Massive negative Auswirkungen hat die Doppelkrise auf die USA und Japan, das BIP schrumpft dort

stark und eine Erholung tritt erst relativ spät ein. Die europäischen Volkswirtschaften schrumpfen leicht, während die BRIC-Staaten weiter deutlich wachsen, wenn auch in geringerem Ausmaß als in den Jahren zuvor. Das Verhältnis von Staat und Markt verschiebt sich zugunsten des Staats, der die Finanzmärkte stärker reguliert und so in den Augen vieler eine notwendige und positive Rolle im marktwirtschaftlichen System spielt.

d) Beeinflussbarkeit durch Politik: International werden neue Regelungen für ein reformiertes Weltfinanzsystem vereinbart, die Vereinbarungen kommen aber nur langsam voran. Neben kurzfristigen staatlichen und geldpolitischen Rettungspaketen versuchen viele Regierungen, ihre nationalen Volkswirtschaften mit Konjunkturprogrammen zu stützen. Dadurch können die negativen Folgen der Krise abgemildert werden, die Einflussmöglichkeiten sind jedoch begrenzt. Außerdem verpuffen die positiven Effekte auf die Stimmung (Vertrauen, Konsum-/Investitionsneigung) relativ rasch, da es trotz des Eingreifens des

Staats beim Negativwachstum bleibt. Das Vertrauen bei Sparern, Konsumenten, Investoren und Unternehmen wird nur sehr langsam zurückgewonnen. Der in wichtigen Ökonomien wiedererstarkte Protektionismus birgt die Gefahr, dass wirtschaftliche Freiheiten auf längere Sicht signifikant eingeschränkt werden. Das Verhältnis von Staat und Wirtschaft verschiebt sich zugunsten des Staats, der nun selbstbewusster auftritt. Weitere Privatisierungen und Liberalisierungen werden verschoben oder abgesagt.

e) Volkswirtschaftliche Folgen: Die Arbeitslosenraten steigen an, besonders in den USA mit seinen vergleichsweise flexiblen Arbeitsmärkten, während die Arbeitslosigkeit in Deutschland nur mäßig ansteigt, was nicht zuletzt auf die moderaten Lohnabschlüsse und die gestiegene Zahl von Zeitarbeitern zurückzuführen ist. Die Inflation sinkt, das verfügbare Einkommen schrumpft. Die Konsumneigung geht zurück, es wird wieder mehr gespart. Speziell erfreut sich „sicheres Sparen“ in vielen westlichen Staaten großer Beliebtheit. In Deutschland erleben die Sparkassen im Jahr 2009 eine Fortsetzung ihres großen Zulaufs in 2008, Pfandbriefe und ähnlich risikoarme Finanzprodukte werden von Anlegern bevorzugt. Wegen der Wertverluste bei Immobilien und bei Instrumenten der privaten Altersvorsorge sind viele Menschen auf zusätzliche staatliche Unterstützung angewiesen, was zu erhöhter staatlicher Verschuldung führt.

f) Betriebswirtschaftliche Folgen: Neben den genannten Finanzierungsproblemen kämpfen viele Unternehmen mit sinkenden Um- und Absätzen und müssen entsprechend Kosten senken und restrukturieren. Wie in jeder Rezession kommt es zu einem Anstieg von Firmenpleiten und zur Konsolidierung von Branchen. In Europa und in den BRIC-Staaten und Schwellenländern sind die Unternehmen von der Auslese weniger betroffen als jene in den USA und Japan. Die Krise bietet enorme Wachstumschancen für gut geführte Unternehmen, die über viel Cash Flow verfügen.

Soweit zu unserem Rezessions-Szenario. Doch so schlimm muss es nicht kommen, denn vieles von dem, was wir in den vergangenen Abschnitten behandelt haben, hilft uns in der Krise. Die deutsche Wirtschaft steht verglichen mit anderen entwickelten Volkswirtschaften besonders stabil da:

- Wir sind mit unserem hohen Industrieanteil (>25 %) weniger abhängig von Finanzen und Dienstleistungen als vergleichbare Volkswirtschaften.
- Unser Standort belegt weltweit Spitzenplätze in Kategorien wie Innovationskapazität, Qualität der Zulieferer und Einzigartigkeit des Wettbewerbsvorteils.
- Es gibt eine anhaltend große Nachfrage nach Investitionsgütern, etwa des deutschen Maschinenbaus. Wir haben eine starke Position in Wachstumsbranchen wie der Umwelttechnologie.
- Viele deutsche Unternehmen setzen im Sinn einer Systemkopfstrategie erfolgreich auf Differenzierung und haben in Deutschland wettbewerbsfähige Funktionen wie Forschung und Entwicklung, Fertigungssteuerung, Marketing und Branding, Design sowie hochwertige Produktion angesiedelt.

Wie auch immer die Entwicklung sein wird: Unternehmen müssen sich vorbereiten auf das, was kommen kann. Hier ein kurzer Überblick über die wichtigsten Maßnahmen der Unternehmensführung zu Beginn einer Krise:

- Szenarioplanung erstellen
  Dass eine klassische lineare Planung nicht zielführend ist, gilt in Zeiten großer Unsicherheit mehr denn je. Unternehmen müssen deshalb gerade jetzt ihre eigenen Szenarien entwickeln und alternative Wege identifizieren.
- Stress-Test durchführen
  Welche Veränderungen der Rahmenbedingungen verträgt das Geschäftsmodell, welches sind die kritischen Grenzen und welche Maßnahmen müssen bei einem Überschreiten ergriffen werden? Wenn der Test negativ ausgeht: Restrukturierung unmittelbar einleiten.
- Finanzierung absichern
  Die Schaffung ausreichender Liquiditätsreserven hat zentrale Bedeutung. Eine langfristige, fristenkongruente Refinanzierung, ein straffes Forderungs-

management und eine konsequente Optimierung des Working-Capitals schaffen „Luft zum Atmen". Covenants sollten konsequent und vorausschauend gesteuert werden und auf maximale Flexibilität ausgelegt sein, um Unwägbarkeiten der Krise gerecht zu werden. Dazu gehört auch die Optimierung der Kapitalstruktur, im positiven Fall etwa durch günstigen Rückkauf von Krediten, im negativen Fall durch ein konsequentes Debt Restructuring.

- Investitionsprogramme überprüfen
  Vor dem Hintergrund der Krise müssen alle Investitionsplanungen dahingehend überprüft werden, ob Verschiebungen möglich sind oder ob Maßnahmen ganz entfallen können.
- Straffes Kostenmanagement betreiben
  Sehr kurzfristig lassen sich insbesondere sonstige betriebliche Aufwendungen (SbA) senken. Eventuell bereits beschlossene Effizienzsteigerungsprogramme sind vorzuziehen oder zu beschleunigen, der Einkauf ist noch stärker auf Kostenorientierung zu trimmen. Alle Prozesse müssen auf ihre Effizienz hin überprüft werden.

- Portfolio ausbauen bzw. bereinigen
  Welche Geschäftsfelder haben die besten Wachstumsaussichten? Welche Teile sind für die eigentliche Geschäftsstrategie nicht notwendig, sondern könnten durch einen Verkauf die Cash-Position stärken?
  Welche Produkte sind die wichtigsten Umsatzbringer, welche sind deckungsschwach – und werden das voraussichtlich auch in Zukunft bleiben? Spätestens eine Krise wie die aktuelle sollte den entscheidenden Anstoß dafür geben, die Produktpalette zu bereinigen.
- Wertmanagement betreiben!
  Und zwar nicht nur in ökonomischem Sinn, sondern vor allem auch im wahren Sinn des Worts. Denn gute Unternehmen setzen durch klare Werte und Führung auf Leistungsbereitschaft, Selbstvertrauen, Integrität und gesunden Optimismus – und schaffen damit unverzichtbares Vertrauen bei ihren Mitarbeitern. Welche Folgen fehlendes Vertrauen haben kann, haben wir gerade an den Finanzmärkten gesehen.

Bei allen Punkten ist der Mut der Führungsmannschaft entscheidend, die richtigen Maßnahmen rechtzeitig zu ergreifen. Deshalb geht es im abschließenden dritten Kapitel um die Anforderungen an die Persönlichkeit eines Top-Managers und an die Unternehmenskultur.

3. Kapitel

Management braucht Persönlichkeit – was gute Führung ausmacht

Die aktuelle Diskussion um Werte ist richtig und wichtig. Unternehmensethik ist ein wichtiges Thema, um Vertrauen zurückzugewinnen. Die Diskussion abstrakter Unternehmenswerte reicht jedoch nicht, um Sicherheit zu vermitteln oder verlorene Sicherheit wieder zurückzuholen. Vielmehr geht es auch und insbesondere um ganz persönliche, vorgelebte Werte und die Persönlichkeit von Managern, die sich daran festmacht. Es geht um:

- Vertrauen in andere und in sich selbst
- gleiche Regeln für alle, auch für Führungskräfte
- Integrität und Ehrlichkeit

- Professionalität
- Unternehmergeist, verbunden mit dem Optimismus und der Bereitschaft, Risiken einzugehen
- Mut, sich auf Dissens einzulassen und klare Positionen zu vertreten. Streit kann produktiv sein, wenn man ihn fair führt.

Wir brauchen also ganz besonders den Mut, Vorbild sein zu wollen – mit allen Pflichten und Verantwortlichkeiten – und bewusst zu führen.

3.1. Mut zur „Klaren Kante"

In vielen Unternehmen herrscht heute eine Kultur der gegenseitigen Beurteilung und Bewertung, die Stichworte sind zahllos: „Top-Down"- und „Bottom-Up"-Assessments, 360-Grad-Beurteilungen, Führungskräfte-Workshops, Personal Reviews ... Vielfach werden sogar externe Dienstleister eingesetzt, um den eigenen Führungsnachwuchs zu bewerten und so anhand vermeintlich objektiver Kriterien über die Besetzung von Leitungsfunktionen zu entscheiden.

Natürlich ist es wichtig, das Feedback der Mitarbeiterinnen und Mitarbeiter einzuholen, um das Unternehmen leistungsfähiger zu machen. Und in vielen Organisationen braucht es dafür sicher auch einen formalisierten Prozess.

Aber: Personalfragen sind Führungsfragen. Dies gilt nicht nur für die Auswahl der künftigen „Chefs“, bei denen die gegenwärtigen Führungskräfte eine stärkere Entscheidungsbefugnis brauchen und auch die Möglichkeit, ihr Team nach unternehmerischen Gesichtspunkten selbst zusammenzustellen.

Vor allem die gegenseitige Bewertung kann leicht in eine Kultur der gegenseitigen Abhängigkeit umschlagen. Führt diese Meinungskultur nicht dazu, dass Führungskräfte mit Mitarbeitern allzu kuschelig umgehen, weil sie von ihnen möglichst positiv beurteilt werden wollen? Besonders wenn die Bewertungsergebnisse auch Einfluss auf Boni und Beförderungen haben? Ist es wirklich die Aufgabe von Führungskräften, gemocht zu werden? Oder führt das nicht zu einer Verzerrung der Anreize, zu defensiven Anpassungsmechanismen, die dem Unternehmenserfolg nicht guttun müssen?

An die Stelle des Wohlfühlunternehmens muss das Leistungsunternehmen treten. Und an die Stelle des „Kuschelns" muss der Respekt treten, der Respekt vor dem Einzelnen und vor seinem Beitrag zum Ganzen. Das schulden wir nicht nur den Unternehmen, das schulden wir auch den vielen, die sich jeden Tag nach Kräften darum bemühen, ihren Beitrag zu leisten.

Ziel dieser Führung ist das Etablieren einer Meritokratie – Führung durch Kompetenz. Es muss nicht nur verbindliche Ziele geben, sondern auch eine klare Kommunikation darüber, wer zum Erreichen dieser Ziele beiträgt und wo es Schwächen und Probleme gibt. Commitments müssen offen eingefordert werden, wer zum Beispiel in ein Meeting geht, muss es ernst nehmen und wissen, dass es auch schlecht für ihn ausgehen kann. Sonst könnte man auf Meetings auch verzichten, sie sollen aber einen produktiven Druck erzeugen, dem sich jeder mutig stellen muss.

Wie jede Führungskraft weiß, bedeutet das unangenehme Konflikte, eine hohe Aufmerksamkeit den Details gegenüber, kurz: sehr harte Arbeit. Denn die Kultur, bei der Führungsaufgaben zuallererst auf erfolgreicher Arbeit gründen, entsteht nur dann, wenn sie im Großen wie im Kleinen jeden Tag konsequent durchgesetzt wird. Sie erfordert ein hohes Maß an Selbstdisziplin vom Führenden, denn er selbst muss sich natürlich an diesen Maßstäben messen lassen und sie vorleben.

Die Meritokratie erfordert jedoch auch ein hohes Maß an Respekt und Fairness gegenüber den Mitarbeitern. Nur wer fest damit rechnen kann, auch im Scheitern fair behandelt und nicht gleich fallen gelassen zu werden, traut es sich zu, Risiken einzugehen und unternehmerisch zu handeln.

Aber der Aufbau einer Erfolgs- und Verdienstkultur bedeutet nicht nur das Beste für das Unternehmen. Jeder von uns sucht nach Erfolgserlebnissen, und 95 Prozent aller Mitarbeiter engagieren sich sehr für ihre Aufgabe – sie wollen gute Arbeit leisten. Ihnen gegenüber ist es unfair, wenn sie ihr Potenzial nicht voll entwickeln können, weil es aus falsch verstandenem Harmoniestreben an klarem Feedback und guter Steuerung fehlt. Und es ist kein Zeichen von Respekt vor dem Einsatz der Mehrheit, wenn es einer Minderheit gestattet wird, die Leistungsmaßstäbe zu verschieben. Die meisten Unternehmen schaffen es nicht, das abzustellen. Die große Mehrheit der Beschäftigten in Deutschland ist, wie wir aus Umfragen wissen, zu einem unterschiedlichen Grad wegen fehlender Anerkennung am Arbeitsplatz frustriert.

Eine starke Führung setzt darauf, den Einzelnen Chancen für die Entfaltung ihrer Möglichkeiten und Potenziale zu geben, auf angemessenes Lob, auf konstruktive Kritik und auf den notwendigen Rückhalt, hinter eingegangenen Risiken zu stehen. Das Ergebnis dieser Form von Führung ist eine echte Vertrauensorganisation, die das Unternehmen in die Lage versetzt, sehr schnell und erfolgreich auf alle Umfeld- und Strategie-Änderungen zu reagieren.

Im Mittelpunkt dieser Vertrauensorganisation steht die Motivation durch ambitionierte Ziele. Dabei ist es wichtig, nicht nur „kalte Ziele“ zu setzen, wie es der Münchner Psychologieprofessor Hugo Kehr formuliert. Also zum Beispiel „nur“ 20 Prozent mehr Umsatz oder 20 Prozent Kosteneinsparung. Damit solche Botschaften auch den „Bauch“ erreichen, müssen dahinter inspirierende Visionen stehen und wirkungsvoll vermittelt werden. Den Mitarbeitern muss deutlich werden, wohin die Reise geht, „wohin die damit verbundenen Anstrengungen das Unternehmen letztlich führen und was sich dadurch verbessern wird“ (Kehr). Wer das aber als Führungskraft tatsächlich formulieren will, braucht Mut, Entscheidungen zu Ende zu denken, statt bei den Überschriften stehen zu bleiben.

Visionen können sehr unterschiedlich formuliert sein – je nach Unternehmenskultur. Eine Führungsmannschaft kann ihr Unternehmen vor allem im Konkurrenzkampf mit anderen sehen und wie Nike die Parole ausgeben: „Crush Adidas“. Auch die Position im Markt kann die Leitidee vorgeben. Das hat Boeing mit der Vision „dominant player in civil aircrafts“ gezeigt. Andere stellen den Kunden komplett ins Zentrum der Ausrichtung und geben ihren Mitarbeitern vor: „Make people happy!" (Walt Disney) oder „Democratize automobiles!" (Ford). Und schließlich haben sich einige Unternehmensführungen an dem angestrebten Geschäftsmodell orientiert. Zwei Beispiele aus dieser Gruppe – nämlich die „T-Strategie" der Deutschen Telekom unter Ron Sommer und die „Welt-AG" für Daimler(-Chrysler) unter Jürgen Schrempp – zeigen, wie volatil Visionen in der Realität sein können. Eine Vision kann zum Zeitpunkt der Formulierung hervorragend sein, sie muss jedoch immer wieder an der sich verändernden Wirklichkeit gemessen werden. Nur dann kann sie auch alle Mitarbeiter motivieren. Notwendig ist eine Vision aber in jedem Fall – und es erfordert großen Mut, sie durchzusetzen und die Führung darauf auszurichten.

Die hervorgehobene Stellung von Führungskräften bei der Motivation gilt im Übrigen in der gesamten Hierarchie. Der Blick richtet sich immer auf die jeweils nächsthöhere relevante Stufe. Dabei ist es wichtig, sich an dem Fairness-Prinzip nach John

Rawles zu orientieren. Jeder Mensch hat das gleiche Recht auf ein bestimmtes System von Grundfreiheiten, das mit dem gleichen System für alle anderen verträglich ist. Führungskräfte müssen also bei Entscheidungen beachten, welche Folgen diese für sie hätten, wären sie nicht in einer Führungsposition, sondern auf einer niedrigeren Hierarchiestufe.

Bei der Führungskräftebefragung 2007 der Wertekommission war das Ergebnis, dass gut 61 Prozent der Befragten Eigentümer und Führungskräfte als die wichtigsten Einflussfaktoren für die in einem Unternehmen gelebten Werte sehen – damit sind sie aus Sicht der Befragten doppelt so wichtig für die Vertrauens- und die Verantwortungskultur wie die anderen Mitarbeiter.

Deshalb ist es entscheidend, dass es bei Führungskräften ein geschärftes Bewusstsein für moralische und ethische Fragen gibt. Dieses Bewusstsein entsteht wiederum nicht automatisch, nicht einfach auf natürliche Art und Weise. Es muss wie alle wichtigen Fähigkeiten immer wieder geübt und verfeinert werden – auch wenn man bereits an der Spitze eines Unternehmens steht.

In der Ausbildung des Managementnachwuchses spielen heute an den Hochschulen ethische Aspekte jedoch häufig eine viel zu kleine Rolle, auch wenn die Top-Universitäten das Thema auf ihre Curricula gesetzt haben. Mit dem gesellschaftlichen Wandel und der Erosion traditionell in der Familie oder durch Institutionen wie Schule und Kirche vermittelter christlich-abendländischer Grundwerte hat sich eine Lücke aufgetan, die bisher nicht adäquat geschlossen wurde.

Die Managementausbildung ist bislang noch zu sehr auf die technischen und formalen Aspekte der Geschäftsführung und -entwicklung fokussiert, muss aber einen wesentlich breiteren Ansatz verfolgen, wenn die Rolle, die Unternehmen in der Gesellschaft übernehmen, verbessert werden soll.

Bei einer Umfrage des Instituts für Demoskopie Allensbach unter mehr als 600 deutschen Top-Entscheidern zählten jüngst 57 Prozent die soziale Kompetenz zu den größten Schwächen der jungen Elite und 47 Prozent die Wertvorstellungen. Dagegen hatten nur zwölf Prozent Zweifel an der fachlichen Kompetenz und 16 Prozent an den Führungsqualitäten.

Wie kann man verantwortungsbewusste Führung entwickeln? Mir sind drei Punkte wichtig.

Erstens eine breite Beteiligung: Alle Mitarbeiter sollten die Chance haben, ihre Ideen für die Lösung von Problemen einzubringen. Geheime Zirkel oder gar Seilschaften sollte es nicht geben. Natürlich bieten kleine Zirkel eine höhere Effizienz, es ist auch gut, wenn die richtigen Leute zusammenkommen. In einer größeren Runde ist es immer schwieriger, zu einem Ergebnis zu kommen, weil die Ergebnisse größerer Brainstormings häufig kaum verwendbar und schwer kommunizierbar sind. Gute Führung zeichnet sich hier dadurch aus, die Balance zwischen Einbezug und Entscheidung zu finden.

Zweitens eine angemessene, direkte Kommunikation: Insgesamt muss der Kommunikationsstil direkter werden. Jede Führungskraft muss in wichtigen Situationen persönlich vor seinen oder ihren Mitarbeitern stehen und offensiv kommunizieren. Wir müssen uns von der „virtuellen“ Kommunikation via Business TV etc. verabschieden. Auch das erfordert Mut und Standing, ist im Augenblick aber der einzige Weg, durch persönliche Präsenz und Kommunikation Vertrauen zurückzugewinnen. Das bedeutet nicht, dass die indirekten Formen per se schlecht sind. Kommunikation muss sich aber immer wieder verändern, weil sie sich schnell „einläuft“ und zur Routine wird. Deswegen haben wir auch den Wechsel von der direkten Kommunikation hin zur Nutzung des Internets, zur Nutzung von Zeitungen und Zeitschriften bis hin zu Business TV erlebt – und müssen jetzt wieder umschalten, um neue Aufmerksamkeit zu gewinnen.

Drittens physische Präsenz: Vertrauenswürdigkeit der Führung setzt auch physische Präsenz voraus. Nur wenn die Führungskräfte innerhalb eines Unternehmens greif- und erlebbar sind, wenn sie ihre Strategien und Ziele persönlich vermitteln, können sie ihre Mitarbeiter motivieren und überzeugen. Mitarbeiter merken aber auch schnell, wenn die Führung selbst nicht genau weiß, wohin die Reise geht.

Ich denke, es kommt am Ende darauf an, durch ein hohes Maß an Transparenz, Ehrlichkeit und Kompetenz die Menschen in den Unternehmen mitzunehmen. Es muss nicht gleich ein umwerfendes Charisma sein. Es kann auch mal ein Schuss Humor sein, der die Leute mitnimmt. Eine persönliche Botschaft, deren Inhalt emotional und rational überzeugt, kann manchmal mehr bewirken als der beste Plan.

3.2. Mut, abzugeben

Wenn Strategien flexibler werden, dann brauchen wir auch eine Organisation, die sich schnell an strategische Veränderungen anpassen kann. Ich bin daher – wie im vorherigen Kapitel bereits ausgeführt – davon überzeugt, dass dezentrale Organisationen am besten geeignet sind, mit einem sich verändernden Umfeld umzugehen. Nur so kann die Führungsmannschaft das Alltagsgeschäft wirkungsvoll delegieren. Viele Jahre lang war es richtig, zu zentralisieren, weil sich durch neue Technologien große Kosteneinsparungspotenziale realisieren ließen. Mit zunehmender Komplexität des Geschehens macht jedoch die Dezentralisierung wieder Sinn.

Dezentrale Einheiten kennen ihr lokales Umfeld – und anstehende Veränderungen – viel besser als große, zentral gesteuerte Konzerne. Und die Bereiche vor Ort können Marktmöglichkeiten besser nutzen und drohende Gefahren schneller abwenden. Da es sich um kleinere und lokal verankerte Einheiten handelt, gibt es mehr Spielraum und sie können besser mit neuen Kulturen umgehen.

In den Konzernen herrscht ein permanenter Konflikt zwischen Synergiezielen durch Zentralisierung (die hier und da durchaus auch dem Ego der Handelnden schmeicheln) und dem Freiraum, den Dezentralisierung braucht (und der einen mutigen CEO jenseits von persönlichen Eitelkeiten und Kontrollwahn voraussetzt). Kostenvorteile lassen sich oft durch Zentralisierung realisieren. Doch echte, organische Wachstumsdynamik entsteht andererseits eher durch motivierte, mit unternehmerischem Freiraum ausgestattete Einheiten. Jedes Unternehmen, das dauerhaft Erfolg haben will, braucht unternehmerische Talente und muss diesen Führungskräften auch Freiräume geben.

Die Realität in den Unternehmen sieht derzeit so aus:

- Nur 39 Prozent arbeiten mit dezentraler strategischer Planung.
- Nur 20 Prozent haben dezentrale strategische Entscheidungskompetenz.

Das muss sich ändern. Unternehmen mit zu starren Strukturen werden in einer komplexeren Welt mit schnelleren Unternehmen nicht lange mithalten können. Jedes Unternehmen muss für sein Geschäftsmodell prüfen, wie hoch der Wertbeitrag durch vertikale Intervention – also zentrale Eingriffe – ist. Das hängt ab von der Branchenstruktur, von der Marktdynamik, vom Risikograd des Geschäfts und von der notwendigen Kundennähe. Das Gleiche gilt für die horizontale Integration, bei der das Geschäftssystem, die Lieferanten oder die eingesetzte Technologie hineinspielen. Jedes Unternehmen muss sich dazwischen verorten – und so viel Dezentralität wie möglich zulassen. Ein gutes Beispiel dafür sind zentrale Abteilungen für Konzernentwicklung, häufig „Corporate Development" genannt. Vor einigen Jahren war es en vogue, große Corporate-Development-Abteilungen aufzubauen und sie mit vielen Kompetenzen auszustatten. Allerdings führten die sehr schnell, analog zu großen Bürokratien, eingeführten „Spiegelreferate" zu den operativen Einheiten zu langsamen und teuren Prozessen ohne echte Wertschöpfung. In der Zentrale wird in der Regel nicht verstanden, was lokal passiert. Gute Strategieabteilungen beschränken sich heute deswegen wieder darauf, die Leitplanken für das operative Geschäft zu setzen, dort aber nicht direkt einzugreifen, Projekte zu managen und Kompetenzen im Portfolio- und M & A-Bereich aufzubauen.

Die Vorteile der Dezentralisierung sind also offensichtlich: Ergebnisverantwortung dort, wo die Geschäfte stattfinden, Freiräume und Anreize, Schnelligkeit, Flexibilität und Marktnähe. Die Aufgabe der

Führung besteht darin, die Dezentralisierung richtig zu organisieren. Es geht um die richtige Balance aus dezentraler Schlagkraft und zentraler Kosteneinsparung. Das heißt:

- radikale Entschlackung der üblichen Konzernberichts- und Planungssysteme
- „Offshoring" von internen Service-Funktionen, um Skalen- und Faktorkostenvorteile zu realisieren. Neue Technologien machen neue Lösungen möglich.

Mut, abzugeben, geht aber erheblich über die organisatorische Dezentralisierung hinaus. Im Kern geht es um das Delegieren, denn auch in dezentralen Organisationen kann wieder viel zentralisiert werden. Dezentralisierung kommt nur dann zur Wirkung, wenn innerhalb der Organisation auch delegiert wird. Das setzt Vertrauen voraus – und damit auch Commitment und Meritokratie.

Dezentrale Strukturen sind der ideale Rahmen, um die intrinsische Motivation von Führungskräften und Mitarbeitern zu steigern – unter der Voraussetzung, dass eine gemeinsame Unternehmenskultur und eine anerkannte Führungsperson an der Spitze eine feste Klammer um alle Einheiten bildet. Ohne diesen gemeinsamen Konsens besteht die Gefahr, dass die Zentrifugalkräfte zu groß werden.

3.3. Mut zur gesellschaftlichen Verantwortung

Noch Anfang dieses Jahrhunderts zeigten Umfragen, dass soziale Verantwortung von CEOs nicht als Top-Thema der Unternehmensführung angesehen wurde. Das hat sich zum Glück schnell geändert. Nach einer neueren Studie schätzen inzwischen mehr als 95 Prozent der Führungskräfte, dass die Erwartungen der Gesellschaft an die soziale Verantwortung von Unternehmen gestiegen sind – und wollen sich entsprechend verhalten.

Milton Friedmans Feststellung „the business of business is business“ gilt weiterhin. Denn „the business“ muss sich auch Gedanken über die Geschäftsmöglichkeiten der Zukunft machen. Wer heute also nachhaltig handelt, tut das nicht auf Kosten seines Geschäfts, sondern in dessen Sinne. Deshalb ergänzt ein Zitat des Siemens-Gründers Werner von Siemens den Satz von Friedman hervorragend: „Für augenblicklichen Gewinn verkaufe ich die Zukunft nicht." Im Kern bedeutet das, dass sich Unternehmen den Erwartungen an soziale Verantwortung nicht entziehen können. Und das ist auch gut so!

Dies ist zum einen wichtig im „War for Talent", denn erstklassige Mitarbeiter achten immer stärker auf das Verantwortungsbewusstsein potenzieller Arbeitgeber. Unternehmerisches Verantwortungsbewusstsein spielt zum Zweiten auch bei der Kaufentscheidung der Kunden für oder gegen bestimmte Produkte eine entscheidende Rolle. Und schließlich weisen Studien eine positive Korrelation zwischen dem Unternehmenswert und den vom CEO verkörperten Werten nach.

Corporate Responsibility (CR) bedeutet das Errichten einer Vertrauen und Integrität fördernden Organisationsstruktur. Eine Vertrauenskultur – und die konsequente Beachtung des Rechtsrahmens – ist der Schlüssel zu dauerhaftem und überdurchschnittlichem Wachstum. Verbraucher nehmen das Verhalten von Unternehmen sehr genau wahr. Es ist ihnen nicht egal. Bei einer internationalen Markenumfrage antworteten 85 Prozent der Verbraucher, dass sie es gut fänden, wenn sich Unternehmen für gesellschaftliche Belange engagieren. Echtes Vertrauen entwickelt sich dann, wenn Erwartungen und Anforderungen, die an ein Unternehmen von den verschiedenen Seiten gestellt werden, über einen längeren Zeitraum zuverlässig erfüllt werden – oder unerwartete Schwierigkeiten nicht vertuscht, sondern offen, transparent und rasch kommuniziert werden.

Eine Reihe von Studien – sowohl von uns und auch von Wissenschaftlern wie Michael Porter – hat gezeigt, dass es zwischen einer verantwortungsbewussten Unternehmenskultur und dem Unternehmenserfolg hohe Korrelation gibt. Richtig aufgesetztes CR-Management unterstützt die ganz konkreten geschäftlichen Aktivitäten auf drei Ebenen.

Auf der ersten Ebene geht es darum, Geschäfte abzusichern und auf Dauer zu erhalten. Im Vordergrund steht hier zunächst, gesetzlich geforderte Normen einzuhalten. Dazu gehört auch, ein funktionierendes internes Frühwarnsystem zu etablieren, um die Risiken geschäftsschädigender Skandale zu minimieren. Die Mitarbeiter müssen dabei die Möglichkeit erhalten, unter Wahrung ihrer Anonymität auf destruktive Aktivitäten innerhalb ihres Unternehmens und bei Geschäftspartnern hinweisen zu können. Voraussetzung dafür ist allerdings, dass die Unternehmensspitze tatsächlich daran interessiert ist, Negativmeldungen aus der Belegschaft zu erhalten – und Fehlverhalten nicht sogar aktiv einfordert. Es gibt noch immer zu viele Unternehmen, die interne Kritiker als Nestbeschmutzer und Querulanten behandeln, statt ihre Beobachtung zur Verbesserung der Strukturen zu nutzen.

Auf der zweiten Ebene geht es darum, Geschäfte konkret zu fördern. Die Wahrnehmung gesellschaftlicher Verantwortung kann entscheidend dazu beitragen, Marke und Image eines Unternehmens positiv aufzuladen und Ressourcen optimal einzusetzen. Ein solches „Responsibility Branding“ ist eine sichere Investition in die Zukunft des Unternehmens. Angesichts des rasanten Anstiegs von „Socially Responsible Investments“ (SRI) wird auch die Position des Unternehmens in Indizes immer wichtiger, in denen „weiche Faktoren“ wie Diversity, Familienfreundlichkeit und Corporate Citizenship bewertet werden.

Die fortschrittlichste Form von CR-Aktivitäten schließlich sind solche, mit denen direkt neue Geschäfte angeschoben werden. Hier spricht man auch von „Corporate Social Opportunities“. Ein Paradebeispiel hierfür ist der Lebensmittelkonzern Unilever, dessen indische Tochter Hindustan Lever ein billiges Wasserreinigungsgerät entwickelt hat, das ohne Elektrizität funktioniert. Es wird nicht nur sehr gut verkauft, es adressiert auch eines der dringendsten Probleme von Entwicklungsländern, denn rund 80 Prozent aller Krankheiten werden durch unreines Wasser verursacht. Ein schönes Beispiel dafür, dass es gelingen kann, Werte durch Produkte und Dienstleistungen zu schaffen und gleichzeitig einen Beitrag zur Verbesserung der Gesellschaft zu leisten.

Alle diese guten Konzepte kommen allerdings erst dann zum Tragen, wenn zur „Corporate" die „Personal Responsibility" hinzukommt. Manager müssen deswegen auch den Mut haben, Position zu beziehen. Wer zum Beispiel überzeugt ist, dass Klimaschutz wichtig ist und deswegen harte Regulierungen für notwendig erachtet, sollte diese Haltung auch aktiv vertreten, selbst wenn Freunde – oder gar Kunden – aus betroffenen Industrien mit am Tisch sitzen. Zu dieser Verantwortung gehört aus meiner Sicht auch, für westlich-europäische Werte einzustehen. Unsere Unternehmen finden in einer Wirtschafts- und Gesellschaftsordnung statt, und nicht nur die einzelnen Unternehmen stehen im internationalen Wettbewerb, es ist auch unser Gesellschaftssystem und seine Werte. Wie sieht es also bei unseren großen Konkurrenten aus? Betrachten wir unter den größten Ländern der Welt die zehn mit dem höchsten Wirtschaftswachstum seit der Jahrtausendwende, dann finden wir nur zwei, die persönliche und politische Freiheit bieten, aber fünf unfreie und drei, die nur teilweise frei sind.

Demokratie, so wie wir sie kennen, ist im Moment international kein Kassenschlager. Noch nicht einmal bei uns. Fast jeder Dritte in Deutschland findet, dass unsere Demokratie schlecht funktioniert. Wir führen im Augenblick eine sehr gefährliche Diskussion – auch in der Wirtschaft. Wir schauen – halb fasziniert, halb beängstigt – beispielsweise nach China und sind beeindruckt von der Dynamik, dem anhaltend hohen Wirtschaftswachstum, der Schnelligkeit, mit der Entscheidungen, beispielsweise im Infrastrukturbereich, umgesetzt werden. Aber gerade wir wissen auch, dass man eine andere Perspektive einnehmen kann:

- Wir wissen, dass Vielfalt zu Kreativität führt.
- Wir wissen, dass Vielfalt Freiheit voraussetzt, nämlich die Freiheit, anders denken zu dürfen und darüber zu neuen Lösungen zu kommen.
- Wir wissen, dass der beste Weg zu neuen Ideen Wettbewerb ist.

Und wer von diesen Grundwerten überzeugt ist, muss auch an ihrer Verteidigung mitwirken.

3.4. Mut zum Neuen

Wenn wir kaum noch feste Prognosen abgeben können, brauchen wir mehr Mut, uns auf unser unternehmerisches Gespür zu verlassen. Dazu gehört, sich nicht an Paradigmen zu orientieren. Ein gutes Beispiel für einen Paradigmenwechsel ist der Organisator der Olympischen Spiele in Los Angeles, Peter Ueberroth, der 1984 vom *Time Magazine* zum „Man of the Year" ausgerufen wurde. Er hatte als Erster mit einer Sportveranstaltung einen Überschuss von 250 Millionen Dollar erwirtschaftet. Er war derjenige, der erkannte, dass es nicht auf die Zuschauer in den Stadien, sondern auf die Fernsehzuschauer ankommt. Als Konsequenz organisierte er die Spiele so, dass sie ein Maximum an Fernsehzuschauern erreichten.

Natürlich sind die Beharrungskräfte meist stärker als der Mut, Neues auszuprobieren. Auch dafür gibt es schöne Beispiele. Der Chef der 20th Century Fox sagte 1946: „Das Fernsehen wird sich keine sechs

Monate am Markt halten. Die Menschen werden es bald satthaben, jeden Abend in eine Sperrholzkiste zu starren." Als dem deutschen Kaiser Wilhelm II. zum ersten Mal ein Auto präsentiert wurde, rief er aus: „Tolle Sache – aber ich glaube an das Pferd!" Und später wurde er zu einem Autonarren. Deswegen kann das Zitat durch ein weiteres von Henry Ford verlängert werden, der sagte: „Hätte ich meine Kunden gefragt, was sie wollten, hätten sie ein schnelleres Pferd verlangt."

Manchmal allerdings erfordert es mehr Mut, das scheinbar Konservative, das vermeintlich Langweilige zu tun – und Mitarbeiter und Geldgeber davon zu überzeugen. Viele Leser können sich sicher noch erinnern, wie die „Visionäre" des Dotcom-Booms gern und häufig übers Ende der alten Ökonomie spotteten – Wachstum schien unbegrenzt, vage Ideen waren mehr Wert als konkrete Unternehmen. Ohne Pferdeschwanz, Sneaker und T-Shirts gab es kein Geld, Anzugträger galten als ebenso outdated wie jeder, der auf ein paar Grundgesetze der Ökonomie bestand. Damals gehörte Mut dazu, sich selbst treu zu bleiben, seine Büros nicht in „Business Accelerators" umzutaufen und auf sein Handwerkszeug zu vertrauen.

Dass Management in den Augen vieler vor allem mit der großen Geste, dem umfassenden Wurf zu tun hat, ließ sich wenig später auch bei der Telekom beobachten. Ron Sommer galt als kühner Visionär, die Strahlkraft seiner Ideen sollte dem ehemaligen Staatskonzern den Weg in die Zukunft weisen. Vielleicht hat man ihm nicht genug Zeit für die Umsetzung seiner Visionen gelassen, denn auf die großen Hoffnungen folgte die große Enttäuschung. Nun verlangte man nach einem Manager mit Talent für das Handfeste. Und Kai-Uwe Ricke galt als exzellenter Handwerker. Bis sich Kapitalmärkte und Eigentümer erneut abwandten – Handwerk war ja schön und gut, aber sooo langweilig …

Ob scheinbar kleinmütig oder vermeintlich genial – mit seiner Einsicht, „wer über Visionen spricht, zeigt die Grenzen seines Horizonts", hat Schumpeter ein Grundproblem der Top-Manager beschrieben: Es gehört Mut dazu, die eigenen Vorstellungen und Ideen zu vertreten. Und sich nicht zu schnell entmutigen zu lassen. Ein schönes Beispiel dafür bietet eine Beobachtung, die wir oft bei der Durchführung einer SWOT-Analyse mit den Führungskräften eines Unternehmens machen. Es geht um Stärken und Schwächen und um Chancen und Risiken. Aber statt mit den Stärken zu beginnen, wird viel Zeit auf detaillierte Analysen der Schwächen verwendet, um dann – ähnlich detailliert – auf die Risiken einzugehen. Erst falls dann noch Mut vorhanden sein sollte, schaut man auf die Stärken und Möglichkeiten.

Mir gefällt in diesem Zusammenhang ein Ausspruch von Winston Churchill sehr gut: *„Ein Pessimist sieht in jeder Chance ein Risiko, ein Optimist sieht in jedem Risiko eine Chance.“* Ich glaube daran, dass Top-Manager Optimisten in diesem Sinn sein müssen.

3.5. Mut, sich angreifbar zu machen

Wenn meine These richtig ist, dass der Verlust an sicherer Planung nicht nur neuer Instrumente bedarf, sondern auch durch die Sicherheit kompensiert werden muss, die die Top-Manager persönlich ausstrahlen, dann spielt die Information – die Vermittlung von Nachrichten, Entscheidungen und Zusammenhängen – und die Kommunikation – der Austausch darüber – eine immer wichtigere Rolle.

Dazu gehört der Mut, sich nicht immer dem Mainstream anzuschließen, auch mal abweichende Positionen zu vertreten und sich damit angreifbar zu machen. Und auch der Mut, gelegentlich über sich selbst zu lachen.

Mitarbeiter zu motivieren, setzt Vertrauen voraus. Wer Vertrauen schaffen will, muss sich nicht nur authentisch verhalten, er muss seine Ziele außerdem klar und glaubwürdig vermitteln. Und dabei gilt es zuerst, grundlegende Regeln des Anstands zu beachten. Wer zuerst die Medien und erst anschließend den Betriebsrat über eine geplante Werksschließung informiert, muss sich nicht wundern, wenn die ganze Öffentlichkeit über ihn herfällt. Egal ob es aus Naivität oder aus Feigheit vermieden wird, sich unangenehmen Fragen zu stellen, der Imageschaden kann immens sein. Es gehört Mut dazu, sich einer aufgebrachten Betriebsversammlung zu stellen. Es gehört Mut dazu, aus klaren Erkenntnissen die Konsequenzen zu ziehen und anschließend auch dazu zu stehen und bittere Wahrheiten auszusprechen.

In der Ratgeberliteratur heißt es gern, die Kommunikation müsse „begeisternd“, „mitreißend“, ja sogar „charismatisch“ sein. Aus der Praxis wissen wir: Das ist Unsinn. Führungskräfte sind keine Showstars und sollen es auch nicht sein. Wichtiger als Entertainment und Begeisterung sind Glaubwürdigkeit und Aufrichtigkeit.

Das Ziel der Kommunikation kann nicht lauten, alle Zuhörer zufriedenzustellen. Es geht vielmehr darum, Entscheidungen und deren Hintergründe so zu vermitteln, dass sie für andere überzeugend und nachvollziehbar werden. Auch wenn man sich dafür in die öffentliche Kritik stellen muss.

Der einfache, aber richtige Ansatz ist, die Führungskräfte als Multiplikatoren im Unternehmen zu nutzen, mit ihnen in regelmäßigem Dialog zu bleiben, ihnen zuzuhören und sie zu motivieren.

Gerade in Krisen erweist sich, wie stabil das aufgebaute Image und die Glaubwürdigkeit sind, vor allem aber, wie kooperativ die Mitarbeiter sind, die in manchen Situationen erhebliche Risiken eingehen, wenn sie Fehler nach oben melden.

Schlagzeilen entwickeln eine enorme Dynamik unabhängig von objektiven Fakten – wenige Tage können reichen, um viele Karrieren zu zerstören. Auch bei der aktuellen Finanzkrise werden wir wohl erst sehr viele Monate später erfahren, welche Unternehmen und welche ihrer CEOs zu Recht abgestraft wurden und welche unverdienterweise einen Vertrauensverlust erlitten.

Schlussbemerkung

Die Welt ist komplexer geworden, die Zukunft unplanbarer, und damit umgehen zu können, erfordert ein hohes Maß an Flexibilität, was zugleich für die Menschen in unseren Unternehmen einen Verlust an Sicherheit bedeutet. Wenn klare Aussagen über die Zukunft schwierig werden, kommt es darauf an, Sicherheit durch Persönlichkeit zu schaffen.

Führungskräfte von heute müssen nicht nur strategisch denken, sie müssen vor allem mutiger führen. Die Anforderungen, die daraus resultieren, werden für mich durch folgendes Statement von Martin Hilb auf den Punkt gebracht. Er sagt, eine Führungskraft brauche „a cool head, a warm heart and working hands“. Mit anderen – meinen – Worten:

- Wir brauchen einen „kühlen Kopf“, denn analytische Fähigkeiten sind im Umgang mit Komplexität und den andauernden Veränderungen unserer Umgebung von entscheidender Bedeutung.

- Wir brauchen ein „warmes Herz", um Menschen zu gewinnen und zu motivieren und auf den Weg der Veränderung mitzunehmen. Change Management beruht nicht auf Tools, sondern darauf, Menschen zu überzeugen.
- Und schließlich gehören auch „working hands" dazu. Denn gute Manager sind stets auch Vorbilder. Wenn sie wollen, dass ihre Mitarbeiter hart an der Umsetzung neuer Strategien arbeiten, müssen sie mit gutem Beispiel vorangehen. Es muss klar sein, dass ein Manager genauso wie alle anderen sein Bestes gibt – und nicht nur die Früchte des Erfolgs (anderer) erntet.

Mutige Führung erfordert mutige Führer. Das klingt selbstverständlich, ist es aber nicht. Ob man Führung als Handwerk oder als Kunst begreift – stets ist sie eine Herausforderung an den Einzelnen, der mit seinen Visionen, Zielen, Fähigkeiten und Schwächen sichtbar und kritisierbar wird. Vorbild werden zu wollen und als solches anerkannt zu werden, ist in dieser Situation doppelt schwer. Aber es ist unabdingbar, um die Menschen in unseren Unternehmen zu motivieren und ihnen Verlässlichkeit zu geben. Wie auf dem Schiff der Bundesmarine, von dem mehrfach die Rede war, sind es nicht die Standardsituationen und das Tagesgeschäft, das echte Führung erfordert, sondern Umbrüche, Kurswechsel und Unklarheiten. Aufgabe der Kapitäne ist es, sich für diese Lagen zu rüsten und solche Situationen entschlossen anzugehen – ohne falsche Sicherheiten zu gewähren. Führung ist kein Widerspruch zu Ehrlichkeit, sondern vielmehr die Fähigkeit, die Realität zu vermitteln und keine falschen Sicherheiten.

Dieses Buch bietet keine ausformulierten Strategien, sondern es soll zum Nachdenken anregen. Zu viele Unsicherheiten liegen vor uns – und zu viele meinen, sicher zu wissen, was zu tun ist. Mir ist es deshalb wichtig, das Thema verantwortungsvolle Führung zur Diskussion zu stellen und hier zu mehr Mut, Direktheit und Klarheit zu motivieren. Ich würde mich freuen, wenn dieses Buch auf Resonanz – auch auf kritische – stößt.

Hamburg, im November 2008

Prof. Dr. Burkhard Schwenker